ぼくがナニワのアナウンサー

寺谷一紀

Teratani Ichiki

まえがき

「チャンネル間違えたんかと思て、びっくりしました」

私が民放の番組に初めて登場した日、放送局にはこんな電話やファックスが殺到して、えらい騒ぎになってしまいました。

それもそのはず。つい先日まで、ＮＨＫの番組で毎日司会をしていたアナウンサーが、いきなり「まいど」てな軽い調子で、民放の画面に現われたから大変です。

騒ぎが次第におさまると、視聴者の皆さんの驚きは疑問へと変わっていったようで、「寺谷さん、何でまたＮＨＫをやめはったんやろ?」。そんな声を頻繁に耳にするようになりました。中には、「こんな不況のご時世に、もったいない話や」とか、「民放の方が、ギャラがええんやろか」などといぶかる声もあったようです。

ことの起こりは数年前。当時の上司が、鬼みたいに顔を真っ赤にして叫びました。

「お前、気は確かなのか!」

東京への異動の打診を、アッサリ断ってしまったからです。

ＮＨＫは東京が本部の全国組織、記者もアナウンサーもディレクターも、3～4年ごとに転勤ばっかりしています。

まあ双六みたいなもんで、アガリは東京というわけですが、一生かかってもアガれない不運な人が結構いて、かなり悲惨な世界です。

若いアナウンサーにとって、東京への異動というのは願ってもない栄転なわけですから、そんなもんを断われば、お上にタテつくも同然。昔なら市中引き回しの上、打ち首獄門を申し付けられているところです。

でも私には、ケンカを売るだけの立派な理由があったんです。きっかけは、90歳のおばあちゃんからいただいた、一通のお便りでした。

『ファンレターを生まれて初めて出します』そんな書き出しで始まる手紙には、私の大阪弁まじりの放送がとても好きだということが、丁寧な筆致で綴られていました。

そして、最後をこう結んでありました。『ナニワのアナウンサーとして、寺谷さん、どうかいついつまでも大阪にいてくださいね。私の生きている限り応援します』

以来私は、キャッチフレーズを〝ナニワのアナウンサー〟に決めました。東京への転勤の話も3回以上断って、大阪に根を張り続けてきたんです。

そんな私も入局して15年がたち、そろそろ管理職の年齢となりました。お上にタテつくならず者でも、年功序列で昇進させてくれるあたり、ＮＨＫという会社は有難いもんですが、管理職になってしまったら、もう転勤は断われません。大阪を離れることもやむなし、というわけです。

まさに、えらいこっちゃのガケっぷち。覚悟を決めんとあきません。

ささやかながら、これまで築いた地位や名誉に未練はありましたし、やめてしまえば安定収入も社会保障もなくなってしまうんですから、ヘタを打ったら取り返しがつきません。結局、悩みに悩んだ末、後悔だけはしたくないという思いから、ナニワのアナウンサーであり続ける道を選びました。

まわりからは散々「アホちゃうか」と言われましたが、ナニワのアナウンサーがナニワのアナウンサーでなくなったら、ただの”しゃべり“に過ぎません。こうなったら、とことん行けるとこまで行ったれ、という心意気で、ホンマに飛び出してしもたんです。生来の楽天家なんですね。

とにもかくにも、大海原にこぎだしてしまったナニワのアナウンサー。

大波にもまれて沈没してしまってはシャレにならんので、元気なうちにこれまでの体験なんかを面白おかしくまとめてみることにしました。

自分の失敗談はひとまず棚に上げて、まずは人様の武勇伝からご披露することにいたしましょう。

ぼくがナニワのアナウンサー●目次

第4章　さらば、NHK

エピローグ◎あとがきにかえて

プロローグ●アナウンサーも失敗します

土人が事故でケガをした⁉

「ただいま臨時ニュースが入りました。大阪市内でバスの事故があり、乗客の土人がケガをして病院に運ばれました」

土人（どじん）がケガ⁉　局内は騒然となり、パニック状態に陥りました。大阪放送局で実際にあった、アナウンサーの読み間違いによる大事件です。

ＮＨＫには、北海道から沖縄まで、全国の放送局に５００人ものアナウンサーがいます。ひとつの組織としてはダントツの大勢力です。おしなべて真面目な人が多いのですが、転勤を繰り返して、特定の地域に根付かないせいもあるのでしょうか、〝旅の恥はかき捨て〟とばかりに、伝説になるようなエピソードを残していく強者も結構います。

やはり多いのが、ニュースでの失敗。原稿を読むだけですから、ある程度のベテランになれば誰でもきっちり出来そうなものですが、現実は甘くありません。

私より10年ほど先輩のＨアナは、大阪放送局に勤務していた時、ローカルニュースの中でこんな勘違いをしでかしました。

原稿は、「大阪市内の宝石店に泥棒が入り、時価数千万円のダイヤモンドが盗まれた」という内容でした。しかしHさん、何を思ったか、”ダイヤモンド“を”ダイナマイト“と読んでしまったのです。

しかも本人は間違いにいっこうに気づかず、原稿の中にダイヤモンドという言葉が3回出てくるのを、全部ダイナマイトと読んだそうですからお見事です。ここまでくると聞いている方も勘違いして、「エンゲージリングはダイナマイトにしたよ」なんて言ってしまうアホな男性が出てくる、わけないですね。

まあしかし、人間だれしも勘違いはあるもの。大爆発を大爆笑と読んだりするよりは、まだ罪が軽いかも知れません。

冒頭でご紹介した「土人事件」は、余りにも有名な伝説のエピソードです。

大阪市内で発生した交通事故で、十一人がケガをして、病院に運ばれたという内容を、ベテランアナウンサーのIさんが土人（どじん）と読んでしまったわけです。もちろん土人は差別用語。放送で使うなんてとんでもない。

原稿に⑪人と、算用数字で書いてあれば良かったのでしょうが、たまたま十一人と漢数字で書いて、しかも十と一がくっついていたのが、読み間違いの原因でした。

それにしても、いくら国際化が進んだとはいえ、ジャングルならぬ大阪市内で土人がケガをすることは、ちょっと無いような気がしますが…。

夕立ちがあるなら"朝立ち"もある!?

「今日も大気の状態が不安定で、太平洋側の各地では夕立ちがありそうです。ところで、夕立ちがあるなら、朝立ちというのもあるんでしょうか…」

帰国子女のある女性アナウンサーが、全国放送の気象情報で、堂々と言ってのけた話は有名です。もちろん、朝立ちが何を意味するのか、知らずにだとは思いますが。バイアグラなんて夢物語だった時代。疲れきった世のお父さんたちに、ブラウン管からささやかなプレゼント、といったところでしょうか。

アナウンサーの間違いにも色々ありますが、常識を問われるようなものは、やった本人も穴があったら入りたい心境でしょう。

これも随分前の話ですが、小学校で習う昔の街道の一つ「旧中山道」を、「いちにちじゅうやまみち」と読んだ人がいます。

ちょっと横書きにしてみて下さい。旧という漢字は「1日」と読めなくもありません。そうすると、「1日中」で区切れば、あとは確かに「山道」となります。中山道（なかせんどう）を知らなかったというのも困った話ですが、ここまで念の入った間違いになると、もうほとんど頭の体操の世界です。

ご当地の人が聞いたら、「ウチはどこまで行っても山なんか！」と怒られますよね。

漢字が読めないのも赤面もので、シューベルトの有名なピアノ五重奏「鱒」を「タラ」と読んだ人がいるそうです。正解はもちろん「マス」。いかにシューベルトでも、タラの泳ぐ様子を音楽にするのはちょっと難しいでしょう。まさに冷や汗タラタラ、なんてね。

また、わが同期のあるアナは、詐欺のニュースで「現金３００万円を騙《だま》し取られました」という原稿を「ばかしとられました」と読んだとか。「まんが日本昔話」じゃあるまいし、これでは狐や狸も真っ青です。

通り魔の事件で、「女性が後ろからつけてきた男に金を奪われました」という原稿を、「全てを奪われました」と読んだ新人君もいるとか。聞いていた人も、思わずドキッとしたに違いありません。ニュースというより、「火曜サスペンス劇場」の世界です。

スポーツアナウンサーの中には、「阪急ブレーブス（現オリックスブルーウェーブ）が玉座（ぎょくざ）に着きました」とか、「俊足を飛ばしてホームイン」を「うしろあしをとばして…」と読んだ人もいるそうで、野球の試合よりこっちの方が面白そうです。

最近では、雪印の食中毒事件のニュースで、黄色ブドウ球菌を「きいろブドウ球菌」と読んでヒンシュクをかったケースがありました。わざわざ全国の放送局に、「黄色ブドウ球菌は〝おうしょく〟と読むように」と通達が回ってきたくらいですから、結構あちこちで「きいろ」とやったアナウンサーがいたに違いありません。「きいろブドウ球菌」なんて、毒素を出す病原菌にしてはお茶目な響き。キャラクターグッズにしたら売れるかも知れません。

そういえば、雪印関連のニュースでは、「原料の生乳」という言葉もよく出てきましたが、これはなかなかくせ者です。コマーシャルで「なまにゅう100パーセント」なんていう表現がありましたし、生肉は「なまにく」、生卵は「なまたまご」と読むのが普通ですから、どうしても生乳は「なまにゅう」と読みたくなります。

しかしこれは「せいにゅう」が正解。まあここまでくると、間違えても誰も気づかないかも知れませんが…。

アナウンサーに油断は禁物

「もう私、笑いをこらえるのに必死で、料理なんかまともに出来なかったわ」

料理研究家のSさんが、数年前の出来事を話してくれました。料理番組を一緒にやっていた司会のアナウンサーが、冒頭の挨拶で「春のイビキが聞こえる季節になりました」と真顔で言ったらしいのです。アナウンサー本人は、息吹（いぶき）をイビキと間違えたことに気づいていなかったそうですが、Sさんはおかしくて、料理が手につかなかったとか。

このように、自分が間違えなくても、他人の失敗に足を取られることもありますから、特に生放送は、一瞬たりとも油断はできません。

NHKのニュースの場合、全国のニュースの直後に各地のニュースが続くという、二段構えになっているのが普通です。全国のニュースの中で、キャスターが最後の最後で失敗したらどうなるか、こんなエピソードがありました。

海難事故の一報が飛び込んできて、キャスターがニュースの最後で短く伝えようとした時のこと、遭難した船は「カリフォルニア丸」という名前だったのですが、どうしてもこの船名が言えなかった。

ベテランのアナウンサーでしたが、何度読んでも舌がもつれて、「カリフォル…マル…ニア」になってしまい、とうとう時間切れとなって、「カリフォルマルニア!」と叫んだまま、画面が各地のニュースに切りかわったから大変です。それをスタジオで見ていた各地の放送局のアナウンサーの中には、思わず吹き出して、しばらくニュースが読めなかった人が沢山いたそうですから、罪は深い。

自分がいくら注意していても、こんなことで足元をすくわれてはたまりません。

しかし意外なことに、アナウンサーの失敗で最も多いのは、スタジオに入るのを忘れて放送をすっとばしてしまうというミス。

さすがにテレビのニュースでは滅多にないことですが、ラジオの短いニュースなどは、バスや電車のワンマン運転よろしく、アナウンサーが一人で何でもやるシステムになっています。時間が来たら一人でスタジオに入って、黙々と原稿を読む。こんな孤独な作業になっているものですから、誰も監視をしてくれません。

他の仕事に没頭していて時間が来たのを忘れ、気がついたら放送が終わっていたという事故は、決して珍しいことではないのです。

もちろんその間は無音になりますから、ラジオが壊れたと勘違いされないよう、何十秒か声が出ないと、自動的にオルゴールのような音楽が流れるしくみになっています。昔のテレビでよくあった、「しばらくお待ちください」のラジオ版というわけです。技術の進歩で、故障による放送の中断は滅多になくなりましたが、アナウンサーの不注意による中断は、いつの時代にもなくなりそうにありません。

もっとも、ギリギリになって気がついて、スタジオに飛び込む人も沢山います。全力疾走で駆け込んだまでは良かったのですが、息が切れてうまくしゃべれず、フーフー、ハーハー言いながら原稿を読んだ人も少なくありません。ラジオを聞いている方が、アナウンサーが心臓マヒでも起こしたのではないかと心配して、わざわざＮＨＫに電話をかけて下さることもあるとか。アナウンサーは、普段から体力作りにも心がけるべしという教訓でしょうか。

とにもかくにもこの商売に油断は禁物、どこに落し穴が待っているかわかりません。

一体どこまでホントなの!?

「モヒカン刈りでテレビに出たアナウンサーがいるって本当ですか?」

ある番組でご一緒したタレントのSさんが、いきなりこんなことを聞いてきました。

「えーっ、民放ならまだしも、いくらなんでもNHKにはいないでしょ」

私はこう答えたのですが、気になって後で先輩のアナウンサーに訊ねてみると…。

「寺谷君知らないの？　有名な人だよ」

その存在をアッサリ肯定されてしまい、私は二の句がつげませんでした。

アナウンサーの身だしなみについて、特に決まりや規則があるわけではありません。放送局にとっての金科玉条である放送法にも、アナウンサーはモヒカン刈りで画面に出るべからず、とは書いていません。ニュースは背広にネクタイというのも、別に定められているわけではなく、いわば不文律としてそうなっているだけなのです。

要は常識の範囲ということですから、髪型も服装も自由であって良いのです。

最近では、久米宏さんのようにヒゲをはやす人も現われましたし、髪にメッシュを入れてみたり、赤茶に染めてニュースを読んでいる人もいます。しかし、さすがにモヒカン刈りというのは強烈で、ほとんどB級ＳＦ映画に出てくる、核戦争で荒廃した近未来のアナウンサーです。くだんのモヒカンさんは、某地方局の管理職で、ある種のトライアルでやっていたらしいのですが、いまだにマネをする人は出てきていません。

長い放送の歴史の中では、ホンマカイナと疑いたくなるような、眉唾物のエピソードも決して少なくありません。

これはある先輩から聞いた話ですが、ローカル放送局のニューススタジオでのこと。人手不足のこうした放送局では、ニュースのスタジオは無人であることが多く、カメラの操作はリモコンで行なうのが通例となっています。このリモコンが壊れて、ニュースの最中にカメラがグルグル回りだしたと言うのです。まあここまでなら、いかにもありそうな話です。

問題はその後で、慌てたアナウンサーは、思わず原稿を持ってカメラを追いかけ、自分もグルグル回りながらニュースを読んだというのですから、これはちょっと話半分に聞いておいた方が良さそうです。どんなプロでも、グルグル回りながらニュースなんか読んだら、気分が悪くなって途中で倒れてしまうんじゃないでしょうか。

ただ、ニューススタジオの場合、アナウンサーは座っていて下半身は見えませんから、宿直明けの時など、上は背広にネクタイでも下は短パンなんていうことも実際にあるようで、こんな格好をしていたら、カメラを追いかけたくても踏み止まったことでしょう。

アナウンサーたるもの、やはり身だしなみにスキがあってはいけないようです。

ツッコミ上手が身を助く

「今年は太平洋高気圧の勢力が異常に強くて、今日もカンカン照りになりそうです。狂ったような高気圧とでも言いましょうか…」

朝のラジオ番組で、気象協会の予報士のおじさんがこんなことを言い出して、ドキッとさせられたことがあります。

「狂う」という言葉は、時計や機械に使うのは大丈夫ですが、人に使うと差別用語になりますから放送出来ません。果たして高気圧に使って良いものかどうか、知恵熱が出そうになりました。

こんな悩ましいケースは稀としても、出演者の言葉づかいが原因でクレームが来ることは、生放送のバラエティーなどではよくあります。

一番多いのは、趣味の話をしていて「私はカメラきちがいで」などと、ポロリと言ってしまうケース。出演者に悪気は全くないのですが、「きちがい」というのは放送禁止用語ですから、やはりすぐにお詫びをしなければなりません。

この辺りの責任は、全て司会者、つまりはアナウンサーにあります。私の場合、長いこと生放送のバラエティーをやってきましたから、こんな修羅場は日常茶飯事。少々のことでは驚かなくなりました。

例えば、料理研究家の方をゲストに、アジアの料理について楽しいトークを展開していた時のこと。ひょんなことから、韓国では皿やお茶わんを手に持って食べないという話になりました。私が理由を聞いたところ、先生いわく

「韓国ではね、お茶わんを手に持って食べると、乞食だと言われます」

長いことアナウンサーをやってきましたが、こんなストレートな放送禁止用語の使われ方には、滅多にお目にかかれません。まさに直撃弾です。もちろん出演者に悪気はないのですが、このままでは大騒ぎは必至。

私は思わず突っ込んでしまいました。

「ちょっと先生、いまの表現、アカンのとちゃいますか！」

この間わずか0コンマ3秒の早業。

出演者もあわてて気がついて平身低頭となり、クレームは全く来ませんでした。もしも後から「先程番組の中で不適切な発言がありました…」などと煮え切らない謝り方をして

いたら、こんなにうまくおさまらなかったと思います。間髪入れず、出演者を巻き込んで「スンマヘン」とやったのは大正解。関西の視聴者の皆さんは、こういうストレートな謝り方には寛容です。

ゲストの中には、商品名や商標名を連発して、アナウンサーを困らせる人もいます。わざとやっているわけではなく、民放のトーク番組に出ている感覚で、思わず言葉が出てしまうわけですが、こういう時も私は早い。

例えば、朝ドラの「あすか」に出ていた女優さんとトークしていた時のこと、モノマネが得意だというので、何かやって下さいと振ったまでは良かったのですが…。

「桃の天然水、生まれたよ～」と、いきなりＣＭのネタ。

「そら商品名や！」と間髪入れず突っ込んで、「キャー、ごめんなさい！」で済ませてしまいました。こんなケースは、ヘタに真面目に謝らないに限ります。

それにしても、私のやっていたトーク番組は、ＮＨＫにしては珍しく、ぶっつけ本番の生放送を売り物にしていましたから、こんなことは当たり前のように起こりました。

スタッフの面々は、さぞかし気疲れしたことだろうと思います。

ボケにも色々ありまして

「ホンマにもう、態度がでかいんやから」

番組を一緒にやっていた女性タレントのAさんに、こんなジョークを飛ばしたところ、

「えーっ、私そんなに体温が高い⁉」

真顔でこう聞き返され、スタジオが大爆笑になったことがありました。まさに天然ボケというのでしょうか。私は好きです、こういう人。

Aさんは、普段はとても真面目で好感が持てるタイプなのですが、放送になると天然の力量を発揮して、数々の武勇伝を打ち立ててきました。

例えば、料理のコーナーで「タイせんべい」を「タコせんべい」と紹介したり、カメラに撮られているのに、あさっての方を向いて何か書いていたり、などなど。しかし、この人なら笑って許せるから不思議です。トクな性格とでも言いましょうか。私もツッコミがいがあって、2人のコンビは視聴者の皆さんにも好評でした。

身内のボケに笑わされることは、生放送をやっていればよくあります。

私の番組では、近畿の各放送局を結んで話題のやりとりをすることがよくあり、京都のスタジオにいるキャスターと中継がつながっていた時のこと。

何の話題だったか忘れましたが、短いリポートが終わり、キャスターが結びの挨拶で、「以上、京都放送でした」と言うのです。

思わず「そら民放や！」と突っ込んでしまいました。

正しくは「京都放送局でした」というところ。1文字抜かしただけで、NHKが民放のKBS京都放送になってしまったというわけです。

この日は、大阪のスタジオに俳優の加藤剛さんが出演されていて、京都からのリポートも一緒に見ていましたから、キャスター女史も舞い上がっていたのでしょう。

まあ、こんなボケは大歓迎。どんどんやってもらいたいものです。

堅物たちへの鎮魂歌

「こないださぁ、デルモとシーメに行ったら、デーマンもかかっちゃってさぁ…」

いまどきこんなテレビ局のプロデューサーもいないでしょうが、かつて業界の人というと、こんなわけのわからないカタカナコトバをまくしたてるイメージでした。

ちなみに、デルモはモデル、シーメはメシ、デーマンは2万円ということです。

NHKにはこういう人はほとんどいません。どちらかといえば学究肌の、論理を重んずるタイプが多いのではないでしょうか。

天下の東大出身者がかなりの割合を占めるという事実からも、この辺りの傾向は容易に想像できるところ。要するに、俗に言う〝堅物〟が多いわけで、現場で働く人間にしてみれば、これは善し悪しだと言わざるをえません。

例えば、私のような根っからの大阪人は、物事を余り深刻に考えません。どちらかといえばラテン系のノリに近く、笑いやユーモアを大切にします。たとえ苦しい状況にあっても、悲観するよりは希望を求め、あこがれや洒落心を支えに明るく乗り切っていきたいと願っています。こうした感覚は、いわば関西特有の〝ノリ〟ともいうべきもので、なかなか関西以外の人にはわかってもらえないのではないでしょうか。

必然的に、仕事にもこうした気質の違いは反映されます。

わかりやすい例で言えば、生放送で音楽などが出ない時の対応です。実際、ちょっとしたミスでファンファーレが鳴らなかったり、コーナーの切り替えに使う短いテーマ曲が出ないなんてハプニングは、ローカル番組なら日常茶飯事です。

こういう時、堅物のアナウンサーならどうするか。無視するか、見た目に明らかにおかしいと判断すれば、お詫びを入れることでしょう。

私の場合は違います。自分で音楽をやってしまうのです。早い話が口三味線です。たとえカラオケに自信がなくても、「パンパカパーン」とか「チャカチャカチャン」と短くやるぐらいは鼻歌感覚。大した芸当ではありません。

番組の体裁にもよりますが、ローカルのバラエティーなら、まずこれで誤魔化せます。自分で言うのも何ですが、ディレクターにしても、自分のミスが目立たなくなるわけで、これはもう、スタッフにも喜ばれる臨機応変の対応だと言えるでしょう。

中には、公共の電波を使って不真面目だと目くじらたてる方もいるでしょうが、とっさの出来事ですから、性格が出てしまうのは仕方がないことなのです。

逆に、真面目すぎる性格がたたって、とんだ失態を招くことも多々あります。

あるディレクターが新人時代、邦楽番組を担当していた時のこと。先輩から、次は囃子《はやし》の人を呼んでくるようにと言われ、お囃子の人たちではなく、「林さん」を真剣に探して局内を奔走し、いつまでも戻ってこなかったという逸話があります。まあこれは、鉄砲玉の様に飛んでいって戻ってこなかったからいいようなもので、もし出演者に林さんがいたら、話はもっとややこしいことになっていたでしょう。

堅物たちの武勇伝はまだまだあります。

例えば放送業界では、撮影の邪魔になるものをどけることを「わらう」と言いますが、この業界用語を知らなかった新人がこんな失敗をしました。

服飾をテーマにした番組で、カメラマンに「そこのマネキンわらっといて」と頼まれた新人君、しばし考えあぐねた末、マネキンの顔にペンで何やら細工を始めたとか。早い話が、無表情なマネキンにポップな笑い顔を描いたわけですが、福笑いじゃあるまいし、せめてアイドルの写真を切り抜いて貼るくらいのセンスは欲しいものです。

もっとも、全く別のケースで、頼まれた本人が大声で〝笑った〟という失敗もあるようですが、私としてはこちらに座布団1枚差し上げましょう。

同じく業界用語で、カメラに撮りやすいように斜めに物を置くことを「八百屋にする」と言います。八百屋さんの店頭で、野菜が並んでいる様子を想像してみて下さい。奥の方が高くて、手前に来るに従って低くなるように傾斜がついていますよね。スタジオなどでテーブル上の物を撮影する時も、こうしておけばカメラで狙いやすいわけです。

これを知らなかった某ディレクターは、ビタミンか何かをテーマにした情報番組のリハーサル中、先輩ディレクターから「そこの果物、みんな八百屋にしといて」と命じられ、慌ててスタジオを飛び出したとか。本番の始まる頃には、テーブルに並んでいたバナナやレモンが、ものの見事にキャベツや大根に変わっていたと言いますから、これはこれで大した行動力です。

もっとも、最近は野菜もほとんどスーパーで買う時代ですから、昔ながらの八百屋の店頭風景を連想できない若者がいても、それは仕方ないのかも知れません。

第1章

NHK入局

なんでそうなるの⁉

「配属に関して、何か希望はありますか？」

ＮＨＫに採用が決まり、研修を終えていよいよ配属という時、人事部の面接でこう聞かれました。私はホンネでものを言うタチですから、きっぱりと答えました。

「東京の報道だけは絶対いやです。水が合いません。やっぱり関西がいいですね」

数日後、人事の担当者から、新人の配属先の発表がありました。同期が次々と呼ばれて、辞令を受け取って帰ってきます。例年通り、大半がローカル局への配属です。中には大阪放送局に決まった者もいます。

いよいよ私の番になりました。部屋に入ると、人事の担当者がニヤリと笑いました。

「寺谷君、おめでとう。東京の報道局・特報部へ配属です。新人としては異例です」

私は目が点になりました。

こうして、私のＮＨＫ人生はスタートしました。

私は最初、アナウンサーではなく、番組を企画制作するディレクターとして、ＮＨＫに採用されました。

私はもともとテレビ番組が大好きで、大学時代はサークルを自分で作り、テレビ評論のミニコミ誌を発行したり、ビデオ映画を自主制作したりしていましたから、ディレクター志望は当然の成り行きです。

NHKの内定をもらってからは、地元大阪を拠点に、情報番組やバラエティーを制作できればいいなと、漠然と考えていました。陽気で呑気な大阪人ですから、お笑いなど芸能番組にも関心がありました。が、真面目で気難しい世界は苦手で、報道だけはどうしてもイヤでした。

しかも東京が嫌いで、研修で1ヵ月滞在しただけで、こんな所は早く離れたいものだと実感していたのです。そんな人間に、東京の報道局の中枢である特報部に配属を命じるとは…。

異例だろうが特別だろうが、本人が乗り気でなければ、そんなものは有難迷惑です。

これは後でわかったことですが、NHKの人事は、生意気な新人には時々こんな〝荒療治〟をやるようです。それを知っていた者は、配属希望の面接時に、「どこでもかまいません」などと殊勝なことを言っていたそうです。

正直者がバカをみたわけですが、決まってしまったものは仕方がありません。誰もが東京めざして転勤を繰り返すＮＨＫの中で、いきなり東京の花形部門に配属されたのは名誉なことだと、あきらめるしかありませんでした。

とにもかくにも、社会人としての第一歩がスタートしたわけです。

背広とネクタイをビシッと揃え、まずは眉間にシワを寄せて、慣れないしかめつらの練習から始めることにしました。

反骨ディレクターまかり通る――

「寺谷君は、広告代理店にでも就職した方が良かったんじゃないの？」報道局の特報部に勤め始めてまもなく、私より10年ほど先輩のディレクターが、あきれ顔でこう言いました。

「それにしても、ヘンなこと色々とよく知ってるよねぇ」

別の先輩も二の矢を放ちます。

私のような若造が特報部に配属されてきたのは、この年が初めてでした。それだけでも珍しいのに、軟派で薄っぺらな企画ばかり出すものですから、良くも悪くも先輩たちの興味をひいていたようです。

ディレクターの仕事は企画を出すことから始まる――先輩たちにゲキを飛ばされ、私はとにかく企画を出しまくりました。

もともと多趣味な人間でしたから、まずは自分の得意な分野で勝負をしようと、音楽や車、レトロファッションや若者文化などをテーマに、些細なことを面白おかしくプレゼンテーションしてみたのです。時事問題にはうるさいデスクも、ドキュメンタリーには一家言持っている先輩たちも、まさかこんな新人が来るとは想像していなかったようで、面食らった様子でした。

しかし、若輩ゆえの利点もあるもので、せっかく初々しい新人がやってきて、一生懸命やっているのだから、番組を作らせてみようということになったのです。そうして最初に制作したのが、いわゆる絶版車をテーマにしたリポートでした。絶版車というのは、主として1960年代に活躍していた国産車です。

当時の日本には、日野のコンテッサやダイハツのコンパーノ、いすずのベレットなど、名車と呼ばれる車が沢山ありました。現代の国産車に比べれば、デザインもメカニズムもはるかに個性的で、性能では劣っていても夢がありました。

そんな、中古車と呼ぶには古すぎて、クラシックカーと呼ぶには新しい絶版車を、莫大なお金をかけて手直しし、ファッション感覚で乗る人々を追いかけたのです。

ほとんど自分の趣味の延長で出来たような番組でした。

それからというもの、セルロイドブームやシーマ現象、黒沢映画の舞台裏やアメキャラ人気、中古車のリフォームやリニアモーターカーの最前線などなど、とにかく理屈抜きに楽しめる軟派な企画を次々と放送しました。東京にいたわずか2年半の間に、こうしたリポートを100本以上は制作したのではないでしょうか。とにかく走り回ってばかりいました。

今にして思えば、お堅い報道畑のニュースの世界で、よくまあこんな異質なディレクターがやってこられたものだと不思議でなりません。

この当時、半ばあきれながらも温かく見守ってくれた先輩たちのおかげで、いまの自分があるのだと感謝しています。

ヘレンケラーまでまかり通る!?

「語学がダメというのは、本当に謙遜じゃなかったんだねぇ」

特報部の上司が、私の顔をしげしげと眺めながら、感心したように言いました。

「これで外大を4年で卒業したんだから、やっぱり君は大物だよ」

ほめられているのか、けなされているのかさっぱりわかりませんが、配属早々にして、私は有名人になってしまったようです。

NHKに入局してまもなくの6月、イタリアのベネチアでサミットがありました。私のいた報道局には国際部というセクションがあって、サミット関連の情報は全てここに集められ、処理されることになっていました。

特報部は直接関係していませんでしたから、私もサミットのことなどすっかり忘れて、企画の取材に走り回っていたのですが…。

災難は、突然襲って来ました。

先輩ディレクターのEさんが、私を呼び止めて言ったのです。

「寺谷君、ちょっといいかな。いまイタリアから大臣会見の映像が入ったんだけど、通訳が来るまで時間がかかるんだ。君にみてもらいたいんだけど…」

私は血の気が引いていくのを覚えました。

「待ってください、僕では役に立ちませんよ」

そう答えるのが精一杯でした。Eさんはたたみかけます。

「何いってるの、大阪外大のイタリア語だろ、いいから来て！」

国際部までの廊下が、こんなに長く感じられたことはありませんでした。私はまるで泣きじゃくる子供のように、Eさんに引きずられて行きました。

高そうな機材がズラリと並ぶ国際部の部屋に入ると、中央のテーブルに、むずかしい顔をしたおじさんたちが十人ほど座っていました。

テーブルの真ん中には、テレビとVTRがセットされていました。

Eさんが私を紹介すると、おじさんたちは一斉に、ジロリとこちらを睨みました。私はこのまま気絶したい心境でした。

「首相の会見だ。5分もない短いものだ。訳す必要はないから、どんな内容なのかそれだけ教えてくれ」

おじさんの一人がそういうと、ＶＴＲのスタートボタンを押しました。景色がスローモーションのように流れ、冷や汗が出たのを覚えています。おじさんたちの言うように、会見は短いもので、2〜3分しかなかったはずですが、私には2〜3時間に感じられました。とにかく心証を害してはいけないと、身を乗り出して真剣に聞きました。握りしめた鉛筆は汗でベトベト。歯をくいしばりすぎて、あごが痛くなってきます。こんなことなら、しかめつらの練習をもっとしておけば良かったと後悔しました。ＶＴＲが終わって、おじさんたちはまた一斉に、私の方を振り向きました。

私は大きく息を吸うと、覚悟を決めて正直に答えました。

「確かにイタリア語です。でも、ひとこともわかりません」

たちまち、部屋がシーンとなりました。おじさんたちは口をポカンと開けたまま、言葉が出てこない様子です。

Ｅさんがあわてて私の手をつかみ、失礼しましたと言うが早いか、逃げるようにその場から私を連れ去りました。

帰る廊下でどんな話をしたのか、記憶が全くありません。

しかもその数日後、追い打ちをかけるように、採用時に受験したビジネスマン向け英検の結果が帰ってきたのです。

ランクは最低評価。コメントに「もう一度、中学英語のレベルからやり直して下さい」なんて書かれていました。同期の中でこんな最悪の評価を食らったのは、もちろん私だけ。イタリア語だけでなく、英語も全然ダメだとわかってしまい、先のサミット事件とあわせて、私の名前は報道局中にとどろきわたることになりました。

もっとも、私に悪びれた思いはありませんでした。というのも、採用面接の時に、私ははっきりこう宣言していたのです。

「僕は語学は出来ません。大阪外大のヘレンケラーといえば、学内では有名です」

役員の一人が聞いて来ました。

「ヘレンケラーってどういうこと?」

「読めない、書けない、話せないの三重苦を負いながら、留年しなかった奇跡の人というわけです」

役員たちは大笑いしていましたが、皆これをギャグだと思ったようです。

自分の名誉のために申し上げておきますが、卒業論文では、私は最高の評価をもらっています。語学以外の分野で、誰にも真似の出来ない研究成果を上げたからです。外大だから語学が出来るというのは短絡的で、私のような例外中の例外も、ごくまれにはいるのです。

謙遜が美徳だと考えている人には理解できないでしょうが、私は根っからの大阪人。いつでもホンネで勝負しています。

えらい所へ来てしもた……

「うわっ大変だ、ファインダーがグニャグニャになってるよ！」

カメラマンのAさんが驚いて叫び声を上げました。

「一体どうしたんですか？」

新人で右も左もわからない私は、オロオロするばかりです。

「まあいいから、これを覗いてみなよ」

Aさんはカメラから顔を上げて、私を手招きしています。言われるままに、カメラのファインダーを覗き込んだ私は、度胆を抜かれました。中の映像が、グニャグニャに歪んでいるのです。

東京近郊の、とある住宅地でロケをしていた時のことです。

今でもそうですが、当時ロケで一般的に使われていたカメラは、ソニーのベータカムと呼ばれているハンディタイプのものでした。信頼性が高く、世界中で使われていて、滅多に故障するものではありません。

そのベータカムの、レンズを通して撮影している映像を映し出す装置が、ファインダーです。これを覗きながら、カメラマンは撮影を行ないます。

グニャグニャ事件は、取材で訪れていた住宅地の遠景を撮ろうと、近くのマンションの屋上に上がった時に起きました。

レンズは、東京近郊の、どこにでもありそうな新興住宅地をとらえています。当然ファインダーには、住宅地の映像が映し出されているはずです。

ところが覗いてびっくり玉手箱、そこに映っていたのは、何やらさっぱりわからない、グニャグニャに歪んだ線の固まりでした。一昔前、テレビが壊れた時に、映像が乱れて波打ったようになったのを覚えておいでの方も多いと思いますが、ちょうどそんな感じなのです。

最初は、私もカメラマンのＡさんも、てっきりカメラが壊れたのだと思いました。

Ａさんは、慣れた手つきでレンズをはずし、工具を使って点検を始めます。しかし、どこにも異常らしい箇所は見つかりません。

これはもうお手上げ、とばかりにＡさんが天を仰いだその時、彼がすっとんきょうな声を上げました。

「これだ、これだよ！」

見上げると、上空を高圧線が通っています。私たちがいるマンションの屋上との距離は、目測で50メートルといったところでしょうか。かなり離れているとはいえ、高圧線の直下にいたため、電磁波の影響でファインダーの映像が歪んでしまったのです。

以来私は、高圧線には敏感になりました。ロケをしないのはもちろん、なるべく近くにいかないよう、常に警戒してきたつもりです。

というのも、首都圏の郊外には、こんな有難くない場所が至る所にあるからです。どこまでも広がる火山灰の平野と、住宅地を貫く高圧線の風景は、関東の風物詩みたいなものでしょうか。関西で暮らしてきた私には、とにかく奇異に映ります。

高圧線が通っている場所は、元々は何もない殺伐とした荒地だったはずです。しかし、人口の急増で宅地化が進み、団地と高圧線と畑がモザイクのように点在する、首都圏ならではの光景を生んだのでしょう。

同じ都市の近郊でも、長い歴史に培われた京阪神あたりは、住み分けがきっちりできていますから、こんな風景にはまず遭遇しません。

郊外へ取材やロケで行くたびに、何とも言えない寂しさと悲しさに襲われ、えらい所へ来てしまったと、後悔をつのらせる毎日が始まりました。

どうしてこんなに不便なの!?

「すみませーん、タクシーが一台もなくて、ちょっと遅れそうです」

額の汗を拭いながら、こんな電話を何度かけたことでしょうか。

私が東京の報道局にいた昭和の終わりごろは、まだまだケータイなんて夢物語の時代。取材にテレホンカードは必需品でした。

「首都圏のくせに、何でこんなに不便やねん!」

電話ボックスの中で、独り寂しくグチっていたのを良く覚えています。首都圏は、関東平野というだけのことはあって、だだっぴろい関東ローム層の火山灰地に、どこまでも畑や住宅他が広がっています。鉄道や道路網も整備されてはいますが、なぜか移動には時間がかかりました。

関西の場合、大阪と京都はJRの新快速で28分、大阪と神戸は18分で結ばれていますし、私鉄や地下鉄に乗り継いでも連絡はスムーズです。

首都圏の場合、都心部は便利でも、東京と近郊都市を結ぶ鉄道はスピードも遅く、距離の割には時間がかかります。ましてや、郊外に出てしまうと、そこから先の交通網は急に貧弱になって、ダイヤもスカスカなのです。

実際、埼玉や千葉の住宅地に取材に行くたびに、私はアクセスに泣かされました。一番いけないのは、人口に交通網が追いついていない点です。混雑した電車を乗り継いでようやく最寄り駅に降り立つと、大きなロータリーの割に、バスは1時間に3本くらいしかなく、タクシー乗り場には長蛇の列が出来ています。

タクシーの台数自体も少ないらしく、待てど暮らせど空車が来ないというような状況は、それこそ日常茶飯事でした。

こういう場所は、食事をしようにも、あるのはファーストフードの店だけで、まともな食事ができる飲食店などほとんどないというのがパターンです。味にうるさい大阪人の私としては、何ともやるせない気持ちになりました。

ロケに出かける時は車を使いますが、渋滞に泣かされることもしばしば。都心部が混むのは仕方ないとして、何でこんな郊外が、というような場所にも慢性的な渋滞が存在するのです。

東京西部のある町にロケに出かけた時のこと、撮影に使う小道具として、お盆が必要になったことがありました。

あらかじめわかっていれば、出かける前に調達しておくのですが、現場で急に欲しくなるということも、こういう仕事をしていればままあります。ディレクターの私としては、ちょっと洒落た、塗りのお盆が理想だったのですが、コンビニでは売っていないので、それなりの店を探さなければなりません。

辺りは新興住宅地で、商店街などもなく、通りすがりの人に聞いて、スーパーのイトーヨーカ堂を教えてもらいました。

ここまでは順調だったのですが、お店の近くまでやってきてビックリ。駐車場に入ろうという車で周辺の道路は大渋滞、身動きすらとれなくなっています。土曜日ということもあったのでしょうが、大型スーパーに買物に行くのに、何と1時間余りも車にカンヅメにされてしまいました。

引くに引けず、ようやく店内に入ってまたまたビックリ。売場はどこも大変な混雑で、お盆もあるにはありましたが、適当なものを見つける事はできませんでした。貴重な時間をムダにしてしまい、スタッフの士気まで下がって散々でした。

それにしても、交通機関といい商業施設といい、京阪神あたりとは比べるべくもないこの不便さはどういうことなのでしょうか。

生活という視点で見れば、首都圏は完全に麻痺している――日々の取材やロケを通じて、私はそんな思いを募らせていきました。

東京で働くことはソン!?

「あれ、先輩まだ残ってはったんですか？」

編集で遅くなり、眠い目をこすりながら廊下を歩いていた時のことです。ある先輩ディレクターを見かけた私は、思わず声をかけてしまいました。

「いやあ、本を読んでたら遅くなっちゃってさぁ」

別に仕事で遅くなったわけではないようです。

「深夜ならタクシーで帰れるから、この方が楽なんだよ」

先輩は、きまりが悪そうに頭をかきながら、帰り支度を始めました。

職場から深夜に帰宅する場合、チケットを切ってタクシーに乗るのが一般的です。この制度を利用して、大して仕事もないのにわざわざ夜中まで残っている人は、珍しくありません。

大抵は、郊外から遠距離通勤している人たちです。行きも帰りも満員電車に揺られて過ごすのは耐えられない――せめて帰りだけでも車でゆっくり、という心境なのでしょう。

東京の放送センターには、そんな深夜帰宅の職員を狙って、タクシーの長蛇の列が毎日のように見られました。

それにしても、首都圏の通勤ラッシュは殺人的です。

私は、放送センターに近い渋谷区の千駄ケ谷という所に住んでいましたから、日常的にラッシュを経験することはありませんでしたが、取材の都合などでたまにこれにブチあたってしまうと、もうそれだけで疲れ切ってしまうほどです。とにかく、こんなに詰め込むか、というほどギュウギュウなのです。

欧米にも通勤ラッシュはありますが、程度ははるかにマシ。ちょうど京阪神のラッシュと同じくらいで、立って新聞が読める程度のゆとりはあります。

首都圏のそれは、路線にもよりますが、おしなべて想像を絶する劣悪なレベル。とても人間を輸送しているとは思えません。しかも、乗っている時間が長いわけですから、体力的にも精神的にも消耗します。朝だけではありません。山手線など、どこから人がわいてくるのか、深夜になっても満員御礼、息苦しいほどの乗車率です。

昼間でも、小田急線の急行などは、ちょっとしたラッシュなみに人がいるのですから、鉄道会社にとってみれば、有難いことなのかも知れません。

しかし、利用客にしてみれば、お金を払って乗っているのですから、劣悪な環境は何とかしてほしいもの。テレビ局のディレクターのようなクリエイティブな仕事についている人間にとっても、殺人ラッシュは決してプラスにはなりません。日々こんなことでストレスをためていては、ユニークな発想もアイデアもわいてこないでしょうし、作り出す番組もつまらないものになってしまいます。

日本のサラリーマンは、大企業に勤めている人ほど、東京で働くことに意義を見いだしているようですが、私は逆だと感じるようになりました。

東京で働けば働くほど、自分は人生でソンをしている――そんな気がして、私はいてもたってもいられなくなり、ことあるごとに大阪への転勤を願い出ていました。

サヨナラ東京

「おめでとう寺谷君、希望通り大阪に転勤です。スペシャル番組部に配属です」

慣れない東京暮らしも2年余りが過ぎようとしていた平成元年の夏、待ちに待った異動の辞令が下りました。報道局に名を馳せた異色のヘレンケラーも、ついに大阪へ帰ることになったのです。報道畑が肌に合わず、軟派な企画を出し続けたのが功を奏したのか、大阪放送局での配属先は、報道部ではなく、スペシャル番組部という所でした。「ＮＨＫスペシャル」など、特番を中心に制作しているセクションです。

先輩たちから、お前はヘレンケラーのくせに恵まれ過ぎだと、散々イヤミを言われましたから、やはり花形部門への栄転だったようです。もっとも、転勤とヘレンケラーは、何の関係もないように思いますが…。

ともかく、東京とおさらばして大阪に戻れるだけで、私は幸せでした。わずか2年半とはいえ、東京での生活は苦痛に満ちたものでした。

世の中には、日本の中で東京が一番便利だと信じている人が多いようですが、私に言わせれば、それはとんでもない誤解です。都市機能という点では、大阪を中心とする京阪神地域の方が、首都圏よりもずっと進んでいるからです。

例えば、人口ひとりあたりのサービスを比較してみましょう。

飲食店の数やホテルの収容力、タクシーの台数や小売店の面積など、意外にも大阪の方が勝れていたり、便利だったりするのです。都市間を結ぶ鉄道の平均速度や、車の交通量に対する高速道路の充実度なども、大阪の方に軍配が上がります。

いくら立派なブランドショップがあっても、あるいは、いくら豪華なホテルやレストランがあっても、中がいつも人でごった返していたのでは、価値も何もありません。ちょっとした買物をする時だって同じです。ショッピングセンターや電器店の駐車場に入るのに、30分や1時間も待たされたのでは意味がありません。

首都圏に比べれば、関西はどこも適正に人がいて、適正に賑わっています。

ファッションや食べ物、ホテルやホールなどのニーズにおいても、大阪になくて困るというようなものはほとんどありませんから、生活する上での利便性の差は、想像以上に大きいものがあります。

東京に集中しているのは情報ですが、これは都市機能とは関係なく、意識の問題です。

マスメディアが煽って、何でもかんでも東京に集めるからいけないのです。情報の流れは、ちょっとした意識改革で、あっという間に変わります。だからこそ、私は大阪にこだわって、視聴者の皆さんに訴えかけていきたいと念じています。

21世紀のメディア革命を大阪から成功させることが、私の夢なのです。

第2章 大阪転勤

お笑いをドキュメンタリーに――

「お前は民放のディレクターか！」

上司のプロデューサーが目を丸くして叫びました。

大阪放送局に転勤して間もなく、ドキュメンタリー番組の企画会議で、あの吉本新喜劇をテーマにした提案を出した時のことです。

「どうやってドキュメンタリーにするつもりだ？」

上司は頭をかかえていました。

私のような生粋の大阪人にとって、吉本新喜劇には特別の思い入れがあります。子どもの頃、休日のお昼といえば、吉本新喜劇でした。

日曜の夜に「サザエさん」のエンドテーマが流れると、もう明日は学校かと、寂しい感覚にとらわれた人は少なくないでしょう。そんな「サザエさん」以上に日常生活に溶け込んでいたのが、吉本新喜劇でした。

岡八郎の「スキがあったらかかってこんかい」から、木村進の「イッイッイッ」まで、懐かしいギャグの数々は、今でも体にしみついています。

淀川吾郎、伴大吾、谷しげる…。一世を風靡しては去っていったスターたちも、記憶の中では昨日のことのように新鮮です。小学校では、給食にタマネギが出ると、室谷信雄の「タマネギの食い過ぎでこうなったんや、ワーレー」などとはしゃいでいたものです。

昔の吉本新喜劇をご存じない方には、何のことやらさっぱりでしょうが、いちいち解説するのはやめておきます。

とにかく、そんな吉本新喜劇が大胆な若返りをはかるというニュースが、私の所に飛び込んできました。新喜劇30年の歴史始まって以来の、大改革だというのです。

吉本興業の経営陣は、ベテランでも面白くなければどんどん若手に入れ替えると、大変な意気込みです。これは一大事です。

愛すべき吉本新喜劇はどうなってしまうのか、若返りは成功するのか、そんな個人的な興味から、私はドキュメンタリーにしたいと考えました。続投か引退か、戦々恐々として面接にのぞむベテランたち…。チャンスとばかり、夜中まで稽古にはげむ若手たち…。

老若男女の悲喜こもごもを、私はカメラマンと丹念に追いかけました。

体をこわして休んでいた役者さんのインタビューをしようと、わざわざ西宮の自宅まで押しかけたこともありました。舞台のソデで取材していたら、「今日はＮＨＫが来てまんねん」と、ギャグのネタにされたこともありました。

そんなこんなを30分のドキュメンタリー番組にまとめて放送したのですが、反響は予想以上に大きなものでした。

何よりも、ＮＨＫが真面目なドキュメンタリーの枠で、吉本新喜劇を密着取材したことに、関西の皆さんは拍手を送って下さったようです。

その後、吉本新喜劇の若返りは成功し、関西のみならず全国的に人気が出たのは、皆さんご承知の通りです。

私にとっても、大阪での初仕事は、幸先の良いスタートとなりました。

大阪弁が通じない!?

「いやあアガりましたわ。テレビでこんな緊張したん、初めてですわ」

大阪・天満の乾物問屋の大将が、頭を掻きながら笑いました。

大阪の中心部を紹介するある紀行番組で、東京からやってきたアナウンサーとやりとりした時のエピソードです。普段は元気いっぱいで、民放の番組にもよく登場し、ギャグをとばしまくっていた大将に、一体何が起こったのでしょうか?

番組は「にっぽん出会い旅」といって、当時東京にいて、今は民放に移籍したSさんというアナウンサーが、全国各地を旅してまわるというものでした。

私がディレクターとして担当したのは大阪編で、市内の中心部を流れる旧淀川界隈を舞台に、川とともに暮らしてきた人々との出会いを描きました。

アクアライナーと呼ばれる水上バスや、新都心のビジネスパーク、古い歴史の残る中之島界隈などを紹介し、紀行番組としてはそれなりにまとまっていて、視聴者の皆さんの評価も高かったのですが、私にはひとつだけ誤算がありました。

冒頭の乾物問屋の大将のように、面白いと確信して登場してもらった町の人々が、なぜか生き生きしていないのです。単にテレビで緊張しているという風ではありませんでした。

取材の段階では、もちろんアナウンサーはいません。

番組を企画制作するのはディレクターの仕事ですから、私が一人で歩き回って、色々とネタを探していました。

そんな中で出会ったのが、乾物問屋の大将であり、気さくな町のおばちゃんでした。大阪は、いわゆる"素人さん"が面白い町です。下町の商店街を歩けば、芸人も真っ青のオモロイおっちゃんやおばちゃんが沢山います。

この取材でも、そうした楽しい人々にほうぼうで出会い、番組に出演してもらう約束をしていました。ロケが楽しみなほど、ユニークな人たちばかりでした。

ところがです。いざ撮影になってSさんとのやりとりが始まると、皆さんとたんに生彩を欠いてしまうのです。別にアガっている風には見えません。それなりに面白いことを言ってくれるのですが、いつもの勢いがないのです。

しばらくこんなロケを続けて、ハタと思い当りました。

アナウンサーのSさんは生粋の江戸っ子です。受け答えはもちろん共通語でします。町の人々の飾らない大阪弁と、Sさんの東京弁が、どうもしっくり噛み合わないというか、相性が悪いのです。アクセントや言葉の問題だけではありません。大阪人が2人寄れば漫才になるとよくいいますが、大阪弁の会話の妙は〝ボケとツッコミ〟です。

大阪のノリがわからないと、このテンポにあわせることは出来ません。

乾物問屋の大将も、商店街のおばちゃんも、Sさんとのやりとりに調子を崩してしまい、持ち前の味わいが発揮できなかったというわけです。

これは大きな教訓でした。ディレクターがどんなに良い企画を立て、完璧なお膳立てをしても、アナウンサーの力量如何で効果が半減してしまうのです。

Sさんが悪いというつもりは毛頭ありません。Sさんは、アナウンサーとして素晴らしい実力をもっていました。ただ、大阪人との相性が良くなかったのです。この当時、NHKには、大阪弁を喋れるアナウンサーがほとんどいませんでした。大阪に密着して仕事をしている人も皆無でした。

本当に良い番組を作るには、地域に根ざしたアナウンサーが不可欠だ――私はこの時から、そう確信するようになりました。

アナウンサーはやめてくれ！

「いま君がやっているドキュメンタリー、アナウンサーをリポーターにどうかな？」

取材から帰ってきた私を呼び止めて、上司のチーフ・プロデューサーが言いました。

「ゲッ、やばいぞこれは…」

私はその場に凍りついて、動けなくなってしまいました。

平成のはじめごろ、私は先にご紹介した紀行番組と前後して、ある大型特番を担当していました。「にっぽんズームアップ」という1時間の番組で、地方発の「Nスペ」といわれるほど本格的なドキュメンタリーでした。

取り上げたテーマは「ニュータウンが老いていく」というもの。

大阪北部の千里ニュータウンを舞台に、街も人も歳をとっていく様子を、半年余りかけて密着取材するという企画でした。入局して3年目の若輩者にとっては、相当な重荷となる大作でした。

千里ニュータウンは、昭和30年代に造成が始まった、日本で最初の人工都市です。当時としては画期的な街であり、昭和45年、大阪万国博覧会の会場になったことでも知られています。

しかし、高度成長期には"未来都市"だった千里ニュータウンも、時代とともに変貌していきました。"現代サラリーマンの城"と呼ばれた集合住宅は老朽化し、住民は高齢化して、独り暮らしのお年寄りが目立つようになりました。高層住宅での孤独死も相次ぎ、高齢者が自警団を結成して、お互いを見張り合うような活動まで生まれていたのです。

そんな中、二百数十世帯の大団地が、前例のない大規模な建て替え計画を進めていました。当時はバブルの絶頂期です。千里の地価は高騰し、等価交換方式と呼ばれるシステムが検討されていました。

これは、団地を高層マンションに建て替え、戸数を倍に増やして、増えた分を分譲し、建て替えに必要な費用を捻出しようという方法です。住民は、一円も払わずに新しい部屋に入居できますから、まさに夢のような方法です。

しかし、中には建て替えに反対の人もいて、団地は揺れていました。

番組では、そんな団地の人間模様を軸に、お年寄りの暮らしや万博公園の自然などを織りまぜ、ニュータウンが老いていく姿を描こうとしました。私は、毎日のように千里に足を運び、取材に没頭しました。多くの人に出会い、番組の趣旨を説明し、協力をお願いしたのです。

しかし、団地の建て替えも独居老人の問題も、個人のプライバシーに関わる問題です。テレビカメラが入ることには、大半の方が抵抗しました。

私は休日も返上で連日のように千里を回り、半年近くかけて説得を続けました。お酒の好きな独り暮らしのお年寄りのもとには、ウイスキーのボトルを手みやげに赴き、夜中まで話し込んでいたこともあります。取材というより、話し相手として訪ねていたようなもので、身の上話から戦争の体験まで何でも聞きました。たまたま私は船が好きで、旧日本海軍のことも多少は知っていましたから、空母乗りだったというおじいさんは、とても喜んでくれました。

そんな取材を毎日続けていると、相手も徐々に打ち解けてきます。

私が大阪の人間で、千里を始めとする北摂地域に生活基盤を置いてきたことも、好印象を与えたようです。取材に進んで協力して下さる方が増え、撮影の許可もおりていきました。こうしたドキュメンタリーの成否は、人間同士の信頼関係にかかっています。私がいくら努力しても、相手に心を開いてもらわなければ、番組は成功しません。

今回は、何ヵ月も足を運んだ熱意もさることながら、たまたま私が地元の人間として、仲間意識を持ってもらえたことが良かったのだと思います。これでもう番組は半分完成したようなもの。後はカメラマンを連れてロケを始めるばかりとなった矢先のことでした。

冒頭でご紹介したように、リポーターにアナウンサーをという打診があったのです。私はあせりました。名前が上がっていたのは、東京出身のアナウンサーです。関西には縁がなく、真面目でどこか暗い感じのするこのアナウンサーを連れて行って、果たしてロケがうまくいくでしょうか。

団地の住民やお年寄りたちが、初対面のアナウンサーを前に、腹をわってホンネで話してくれるでしょうか。インタビューの間に、殻に閉じこもったり、不快感を覚えたりしないでしょうか。

私には、どうしてもうまくやる自信がありませんでした。

結局、アナウンサーだけはやめてほしいと上司に泣きついて、自分がカメラの後ろからインタビューするスタイルを取りました。長期に及ぶロケは、スタッフに恵まれたこともあって大成功しました。

番組も極めて高い評価を受け、若輩の私にとって大きな自信となりました。アナウンサーのあり方を考えさせられる機会にもなりました。

平成元年に放送された「にっぽんズームアップ・ニュータウンが老いていく」は、いまだに私の代表作の一つであり、人生の転機にもなった番組でした。

大阪は汚い街だと決まっている？

「僕はね、徹夜を三日続けると、頭の回転が光速を越えるんだよ」

大先輩のチーフ・プロデューサーIさんは、常々こう豪語していました。

世の中には、妙なことを自慢する御仁もいたものですが、このIさんに、私はどうにも我慢がならなかったことがあります。

平成2年、大阪で「国際花と緑の博覧会」が開催された時のことです。日本で4回目のエキスポであり、半年間の会期で2500万人が訪れた一大イベントでしたから、ご記憶の方も多いと思います。

これに関連した全国ネットの短い番組で、大阪を紹介するシーンをめぐり、私とIさんは鋭く対立したのです。

この時、私は入局3年目の若輩。対するIさんは、年齢にして30歳近くも上の大ベテランでしたから、抵抗するなんて身のほど知らずといえばそれまでです。

争点は単純で、私がカメラマンと撮ってきた大阪を紹介する映像が、Iさんの気に入らなかったというだけのことです。しかし、これは私にとって、番組の方向性を左右する、とても重要なポイントでした。

私としては、せっかく大阪で久々の国際博が開かれるのだから、大阪を全国にアピールしようと、かなり凝った映像を取材して来たのです。

それまで、全国ネットの番組に登場する大阪の紹介映像といえば、決まって「通天閣」か「道頓堀」ばかりでした。

しかし、生粋の大阪人からすれば、これは余りにもステレオタイプな表現です。

ひと昔前の欧米人が、日本といえば「フジヤマ」と「ゲイシャ」を連想したようなもので、全く誤ったイメージだと、かねてから義憤を感じていたのです。

だからこそ、正しい大阪のイメージをと、私は張り切って出かけました。

まず撮影したのは、大阪の副都心であるＯＢＰ（大阪ビジネスパーク）。緑豊かな大阪城公園をバックに、40階クラスの超高層ビルが林立する近未来空間です。花博をきっかけに、都市と緑の調和をめざすというイメージの映像でした。

次いで訪れたのは、大阪の代表的なビジネス街である中之島界隈です。高層ビルの間を高速道路が迷路のように走り、その下を川が流れるシーンを撮影しました。ビジネスマンが川べりの公園で憩う様子とあわせて、都会にこそ水と緑が必要なのだと訴えるのがねらいでした。

もちろん、日本一の複合ターミナル梅田界隈も取材しました。私鉄最大の三複線を持つ阪急梅田駅から、カラフルなビル群をバックに、電車が滝のように続々と出てくる様は、映像としても迫力があり、映画のワンシーンのようでした。

ここには緑はなく、ストレートに大都会大阪を表現した映像でした。

こうした入魂の力作を見て、Iさんはこう言い放ったのです。「これじゃまるで東京かニューヨークじゃないか。大阪はこんな街じゃないんだよ」

そしてこうも付け加えました。「大阪はゴミゴミした汚い街と決まっている。そういう映像をライブラリーから探して、全部つなぎかえてしまいなさい」

私は耳を疑い絶句しました。そしてもちろん、激しく抗議しました。ねらいもきちんと説明しました。でも、Iさんは首をタテに振りません。とにかく「これでは視聴者のイメージにあわない」の一点張り。

結局プロデューサーの意向には逆らえず、私は泣く泣く映像を差し替えました。

このことも、後年、私が〝地域密着放送〟〝地元の人間の皮膚感覚〟の大切さを訴えるようになるきっかけとなりました。

笑いたくても笑えない

「笑い」をテーマにした関西エリア向けの情報番組を制作した時のことです。折しも、「日本笑い学会」なるものが設立され、笑いと健康に関する興味深い研究などが発表されていましたから、企画としてはタイムリーなものでした。

私としてはもちろん、笑いの様々な効用をリポートするつもりだったのですが、これが笑うに笑えない、とんでもない番組になってしまったのです。

私の最初の構想では、まず「笑いでガンを直す」というセンセーショナルな試みを紹介するつもりでした。

岡山県の倉敷市に、笑いと健康の関係について研究しているドクターがいて、ガンや難病の患者さんに「吉本新喜劇」を観せるなど、積極的に笑ってもらうユニークな治療を進めていたのです。実際、笑うことで免疫力が高まるというデータが得られ、世界的にも認められつつありましたから、まずこの取り組みを取材しようというわけです。

次いで興味を持ったのが、笑顔の大切さを教えるカルチャー教室でした。元喜劇俳優の近藤さんという人が「現代笑顔教室」なるものを開いていて、これがかなりの人気を博していましたから、ぜひ紹介しようと考えました。

他にも、笑うことでアトピーの改善に取り組んでいるグループの活動や、「笑えよ～」のギャグでお馴染みの漫才コンビ、横山たかし・ひろし師匠のインタビューなど、バラエティーにとんだ要素を織り交ぜ、笑いの効用を多角的にリポートする、楽しくてためになる番組にするつもりでした。

ここに大きな障壁として立ちはだかったのが、堅物として有名なプロデューサーのS氏と、やはり真面目が背広を着ているようなキャスターのHアナです。

Sさんも Hさんも、筋金入りの真面目人間。IQは高いけれども、決して冗談は通じないタイプで、もちろん関西の出身ではありません。この2人が口を揃えて、とんでもないことを言い出したのです。

いわく「笑いが求められているということは、それだけ世の中が暗く沈んでいる証拠である。これは深刻な社会問題であり、笑いの裏返しにある人々の深層心理こそ、この番組のテーマとしてふさわしい。君も笑っている場合ではないぞ」

私は思わず目が点になりました。これが松竹新喜劇なら、あの藤山寛美よろしく、人指し指を鼻の穴に突っ込んで、「あのー、モシモシ」とやりたくなる心境です。

かくして、ギャグをちりばめた構成はどこへやら、2人の指示で番組は、笑いを求めて苦悶する人々の深刻なドキュメンタリーへと迷走して行くこととなりました。

明るい笑顔のインタビューは、どれもこれも眉間にしわを寄せた深刻な内容に変わり、前向きな情報は、暗く深刻なものへと路線転向を余儀なくされたのです。

笑顔教室のシーンなど、私が顔の体操をしながら笑顔のレッスンを受けるというほのぼのとしたものではなく、主宰する近藤さんの人生劇場へと変貌しました。これまでの半生で、苦労に苦労を重ねた近藤さんが、艱難辛苦の末に辿り着いたのが、笑顔に救いを求める心境だったという展開です。

喜劇役者時代のひょうきんに笑う近藤さんのモノクロ写真をバックに、どう考えてもミスマッチの重々しいナレーションをかぶせようとするので、ナレーターもつとめる私としては、思わず吹き出してNGの連続。

2人の巨匠たちは、例の「笑っている場合ではない」というセリフを吐きながら、苦虫を噛みつぶしたような顔をして、こちらを睨みつけてきます。完成した番組につけられたタイトルが「笑えないけど笑いたい」。

まさにシャレにならん！

人生を作り上げるのが仕事!?

「ディレクターは楽しいよな、人の人生を作り上げることが出来るんだからな」

コワモテのチーフ・ディレクターUさんが、茨城なまりでつぶやきました。

あるドキュメンタリーの構成を考えていた時のことです。

Uさんは、黄色いポストイットにマジックで書き込みをしながら、壁にペタペタ貼っていきます。大半のディレクターは、この方式で構成を考えています。ポストイットには、取材した内容などがキーワードで書かれています。それをパズルのように並べかえて、ストーリーを作っているわけです。

ああでもない、こうでもないとつぶやきながら、黄色い紙を貼りつけるUさんは、恍惚とした表情を浮かべていました。構成の仕方で、ストーリーはいくらでも作ることができるからです。

平成3年、シンガポールで「アジアわたぼうしコンサート」が開かれました。障害を持つ人が綴った詩に、障害を持たない人が曲をつけ、互いに協力しながら歌い上げるというものて、奈良にある福祉施設が主催していました。

私は、後輩ディレクターのＳ君と、この動きを番組にしようと取材を進めていて、45分の本格的なドキュメンタリーとして放送することが決まりました。

コンサートには、アジアの各国から参加があり、私は、スリランカと韓国の動きを密着取材することになりました。ディレクターとして、２度目の海外取材です。

思わぬ展開が待っていたのは、現地のコーディネーターと連絡を取り始めた矢先のことでした。

あの、人生を作る名人のＵさんが、黄色い紙を持ってやってきたのです。

スリランカで、私はフォンセカさんという弱視の音楽教師を取材することになっていました。フォンセカさんは、サルボダヤという福祉団体の援助を受け、盲学校で音楽を教えながら詩を書いて、コンサートへの出場が決まりました。

彼には愛用のバイオリンがあって、コンサートでは自分でバイオリンの伴奏をし、サルボダヤの人たちがコーラスをすることになっていました。

彼は目が全く見えないわけではなく、動物的な勘を持っていたので、自宅から盲学校へは自力で通勤していましたし、足に障害を持つ奥さんは、サルボダヤの職員として働いていましたから、貧しいながらも恵まれた環境にありました。

そんな状況をUさんに話して聞かせたところ、とたんに目が輝いたのです。

「ドラマになるぞ。感動のバイオリン物語だな、これは」

言うが早いか、Uさんは勝手にストーリーを作り始めました。

「自分で通勤するのはだめだ。みんなに支えてもらわんといかん…」

「そのお礼に、彼はバイオリンの演奏を聞かせるんだな…」

「最後は村人総出で涙の見送りだ。奥さんはいつまでも手を振るんだな…」

何やらブツブツ言いながら、時折満足そうにうなずいています。

Uさんの作り上げたストーリーはこうでした。

〈フォンセカさんは、いつも仲間に支えられて生きている。盲学校への通勤も、村人が交替で送り迎えしている。そのお礼に、彼は大切なバイオリンを使って、村人に時々演奏を聞かせている。そんな歌の中から、今回の曲が生まれた。

シンガポールでの音楽祭に出場するため、彼は生まれて初めて村を離れる。

旅立ちの日、村人は総出で彼を見送る。車が見えなくなるまでいつまでも手を振り続ける奥さん。その目には涙が光っている〉

いやはや何とも、お見事としか言いようがありません。よくもまあ、会ったこともない人物の生きざまを、黄色い紙だけでペタペタと作れるものです。

事実と多少違っても、大筋で変わらなければ、後は演出だというのです。

番組のデスクでもあるＵさんには逆らえません。フォンセカさんや村人たちに協力してもらい、感動の物語を撮影してきたわけですが、釈然としないものが残りました。

ＮＨＫでも〝やらせ〟が問題になったことがありましたが、いわゆる〝やらせ〟と、Ｕさんの言う〝演出〟の違いは実に微妙です。

他人の人生を作り上げることも大切でしょうが、もっとストレートに、出会った人々のホンネや生きざまを伝えるには、取材者自らが聞き手となり、伝え手とならなければ無理なのではないか――私はそんな考えを持つようになりました。平たく言えば、〝自作自演〟こそが理想ではないかと思い始めたのです。

かくして私は、ある決断をしました。

誰もが試みたことのない、大きな賭けに出たのです。

第3章

ナニワのアナウンサー誕生

アナウンサーへ運命の転向

「何でまた、エリートコースのベルトコンベアを飛び出すんだ！」

上司が驚いてイスから立ち上がりました。

アナウンサーへ転向したい旨を伝えた時のことです。

ある程度予想はついていました。というのも、こんな言い方をするのは語弊がありますが、ＮＨＫの中でアナウンサーは、いわば〝斜陽の職場〟だったからです。

私がアナウンサーへの転向を決意した理由は、大きく二つあります。

まず第一に、ディレクター時代の苦い経験から、関西に密着したアナウンサーの必要性を痛感していたこと。

第二に、番組作りの理想は、ディレクターとアナウンサーを兼ねた、いわゆる自作自演にあると気づいたことです。

だからといって、こんな突飛な転向が簡単に認められるわけがありません。前例のないことですし、将来どうなるかも未知数だったからです。

NHKというのは究極の官僚組織ですから、セクショナリズムや派閥争いというのは、昔からお家芸みたいなものでした。東京本部の中だけでも、花形の部門と斜陽の部門は、はっきり分かれています。

一番強い立場にあるのは、政治家とのパイプを持つ報道局です。理事などの役員を最も多く輩出しているセクションでもあります。

職種別で比べれば、最も恵まれているのがディレクターです。転勤で地方回りをする人も少なく、東京を中心とした異動構造が確立しています。

逆に、最も弱い立場にあるのがアナウンサーです。理事もほとんど出したことがなく、転勤で地方を転々とする人が最も多い職場なのです。そんな所へ、エリートコースをわざわざ外れて飛び込んでいくなんて、気がどうかしていると心配されても仕方ありません。

しかし、私に未練は全くありませんでした。

出世なんてどうでもいいことですし、東京勤務も二度としたくありませんでした。地元関西に密着して自作自演の理想を追求できれば、それで充分満足でした。

上司の抵抗は予想以上に大きかったものの、最後は半ばごり押しする格好で、アナウンサーへの転向を認めてもらいました。ちょうど大津放送局に欠員が出ていたことも、私には追い風となったようです。
かくして、異色のアナウンサーが誕生しました。
ディレクターとして5年目を迎えた秋のことでした。

いきなりの台風中継

「着任早々で大変だけど、台風中継やって下さい」

上司のMさんが、アッサリこう言いました。

ディレクターからアナウンサーに転向し、大阪から大津放送局に転属となって、わずか数日後のことです。アナウンサーとしての初仕事は、意外な形でやってきました。

アナウンサーは全員、新人として採用された時に研修を受けます。

私の場合、ディレクターを5年以上やってからの転向でしたから、そんな親切なものは一切ありませんでした。口から生まれた大阪人としての資質と、持ち前の出たがり精神があったくらいで、基礎的なトレーニングは何も受けていなかったのです。

そんな人間が、いきなりアナウンサーとしてやってきたのですから、受け入れた大津局はさぞかし大変だったろうと思います。

しかし、そこで出会った上司のMさんは、とても出来た人でした。私が今日あるのは、全てこの人のお陰といっても過言ではありません。現場で経験を積ませてもらいながら、色々なことを教わりました。

話が横道にそれましたが、初仕事は台風中継という形でやってきました。びわ湖の観光船の発着場でもある大津港から、台風の接近をリポートするわけです。緊張するというより、何だかワクワクしてテンションが上がってきましたから、やはり根っからおめでたい性格だったのでしょう。

大津港に着いてみると、風も雨も大したことはなく、平穏そのものでした。私は、普通の背広にビニール傘といういでたちで、のんびりとリポートしました。

「大津港です。観光船は欠航していますが、風も雨も大したことはありません…」

すかさず中継車の電話が鳴りました。ディレクターのM君が飛んできます。

「もう少し緊張感を持ってやってほしいそうです」

大阪の報道部からの注文でした。しかし、上司のMさんはニコニコしています。

「リラックスしろと言われるより、ずっと良いじゃないですか…」

私の性格を見抜いての当意即妙のアドバイスに、頭が下がる思いでした。

以来十年、私に台風中継のお呼びがかかったことはありません。

あっという間に大阪へ

「寺谷さんは大阪から通勤していますから、定期代3万円もどしてもらいます」

大津放送局から大阪放送局へ異動が決まった時、総務に呼ばれてこう言われました。

私は大津へ大阪の高槻から通勤していたので、その分の定期代をもらっていたわけですが、大阪へ通う方が安くなるから、差額を返せというわけです。

「普通の転勤だと、赴任旅費とか何とか、色々お金が出るものなんですが、精算してマイナスというのは、あなたが初めてですね…」

事務の担当者が、さも申し訳なさそうに書類を渡してくれました。

かくして、今度はアナウンサーとして、私は大阪に戻ることになりました。大津放送局での3年余は、あっという間に過ぎていきました。

最初にして最後の野球実況も経験しましたし、「ひるどき日本列島」では、5日間でびわ湖を一周するという大中継もやりました。

もちろん、ディレクターを兼務して、自ら台本も書いていましたし、自分で自分を演出することもしていました。まさに、修業と試行錯誤の連続でした。

素晴らしい出会いや忘れがたい思い出は無数にありますが、紙幅が限られていますので、ひとつだけ、食べ物にまつわる話をご紹介しましょう。

滋賀県が誇る世界の珍味、フナずしについてのクサーイ体験です。

ご存じの方も多いと思いますが、フナずしは、びわ湖特産のニゴロブナを何ヵ月もかけて発酵させた、いわゆる〝なれずし〟です。春先に獲れた子持ちのニゴロブナを８月頃まで塩漬けし、一旦塩抜きしてから、今度はご飯といっしょに漬け込んで、半年ほど発酵させます。生のフナも、乳酸菌の力で分解が進み、骨までやわらかくなります。

乳酸発酵ですから、ヨーグルトのように酸っぱい味になりますが、特徴的なのは強烈な臭いです。言葉で表現するのは不可能。一度かいだら絶対に忘れません。

民放のある番組で、スカンジナビアの爆発するカンヅメと並び、世界で最もクサイ食べ物にランキングされていましたから、クサヤの干物も真っ青です。

そんなフナずしに、私は番組で何度も遭遇し、余りのクサさに泣きました。

フナずしは、遠く平安時代から朝廷に献上されていたほどの、由緒ある珍味です。最近は原料のニゴロブナが激減し、１匹が何万円もするほどの高価なものになりました。グラムあたりの単価は、マツタケやカラスミ以上かも知れません。

好きな人にはこたえられないようで、酒の肴にお茶漬けにと引っ張りだこです。もちろん発酵食品ですから体にも良く、薬喰いとしても重用されています。

そんな天下無敵のフナずしですが、私はダメです。絶対にダメです。誰が何と言おうとダメなものはダメなんです。

最初に遭遇した時には、思いっきりむせ返って怒られました。

次に遭遇した時には、目にしみるとコメントしてヒンシュクをかいました。

三度目に遭遇した時には、ゲストに強引に勧めて、自分は難を逃れました。

とにかく根が正直なもので、ウソはつけません。苦手なものは、放送だろうと何だろうと、こりゃアカンと言ってしまいます。

全国のフナずしファンの皆さんごめんなさい。

口では誰にも負けないナニワのアナウンサーも、これには勝てませんでした。

阪神大震災で問われたもの

「ガタガタガタガタ」

新築して1年もたたない我が家が、大きな音をたてて揺れ始めました。

「地震や！」

私も家内も飛び起きました。天井の吊り照明が、振り子のようになっています。

平成7年1月17日、午前5時46分。兵庫県の隣、大阪高槻の自宅で体験した、阪神淡路大震災の揺れの瞬間です。

あの震災の時ほど、報道機関のマナーが問われた出来事はありません。

これは東京の民放でしたが、ニュース番組の女性キャスターが、発生直後の被災地に、毛皮のコートで乗り込んでヒンシュクをかったのは有名な話です。やはり東京の民放で、ある看板キャスターが、火災で煙の立ち上る神戸の夜景を見て、温泉街のようだと表現していたのも、常軌を逸した暴言です。東京のテレビ局にとって、震災はまさに他人事。地元や被災者への感情的な配慮など、ほとんどなかったといっても過言ではないでしょう。

これに対してＮＨＫは、いたずらに騒ぎ立てることもなく正確な報道を行い、公共放送としての使命は充分果たしたと思います。

しかし、発生からしばらくたって、現場でのトラブルがいくつかありました。

例えば、夜のニュース番組のキャスターをつとめていた某有名アナウンサーが、避難所で被災者にホウキで追われたのを、私の同僚が目撃しています。避難所になっていた小学校からの中継だったそうですが、スタッフ共々態度が横柄で、住民感情を逆撫でしてしまったのです。

震災から1週間余りがたって、被災者の皆さんの疲れもピークに達していたこの時期、よそ者が大きな顔をして乗り込んでくれば、腹を立てるのが当たり前というもの。報道も、取材する人間が被災者と同じ皮膚感覚や目線で接し、共に痛みを分かち合う姿勢がなければ、単なるプライバシーの侵害になってしまいます。

震災から1年という節目の日にも、ＮＨＫは全局をあげて特番を放送しました。

ここでも、中継現場のリポーターなどに気になる言動がいくつかあって、不快な思いをした被災者が少なくなかったように感じます。

例えば、ポートアイランドの仮設住宅を取り上げた放送です。

70歳のおばあちゃんが一人で生活する仮設住宅を例に、その暮らしがいかに不自由かつ悲惨であるかをリポートしていたのですが、内容本位で気配りが全くない。

リポーターのアナウンサーは、いきなり仮設住宅の玄関から中に入って行くのですが、入口におばあちゃんの姿があるのに、説明に終始して声をかけようともしない。あげくの果てには、天井がベニヤ板一枚で寒いということを力説するために、居間の机の上にあった「孫の手」をつかんで、天井を突くではありませんか。横におばあちゃんが立っているのに、またもや無視して、淡々と進めるものですから、見ていて非常に不快というか、腹が立ちました。

もちろん、取材の段階でおばあちゃんには十分礼を尽くして、ご本人の了解のもとにやっているということはわかります。また、限られた時間の中で、少しでも効率よく情報を伝えねばならないという事情も理解できます。

しかし、だからといって、テレビを見ている者がギョッとするような振る舞いをしても良いものでしょうか。

多くの被災者も番組を見ているわけですから、そうした人たちの心情に配慮するなら、もっと暖かく接する姿勢を見せるべきではないでしょうか。

震災で真価が問われたのは、報道の正確さではなく、人間味や思いやりといった、心のケアの部分だったように思えてなりません。

大切なのは珠玉のコメント!?

「俺たちはジャーナリストなんだ。とにかく徹底的に取材しろ！」

震災報道には、全国から実に多くのディレクターやアナウンサーが応援にやってきて、それぞれの持ち場で仕事をしていました。そうした現場の人間を集めて、東京からやってきたデスクと呼ばれる面々が、こうゲキを飛ばしていたのをよく覚えています。

地元に対する感情的な配慮を口にする人は、ほとんどいませんでした。

大多数のアナウンサーが、被災地の現状や問題をリポートするため、寝食を忘れて取材に奔走し、徹夜しながらリポートの原稿を書いていましたが、そこで追求されていたのはあくまで事実に基づいた客観的な報道ばかりで、とても無味乾燥なものでした。

例えば、原稿用紙でたった1行のコメントを書くのに、指導役として東京から派遣されてきたデスクと呼ばれる人々と、熾烈な議論が展開されていました。

わずか1分の中継で、「仮設住宅は狭い」という一言を発するために、間取りや広さのデータから住民や行政の反応まで、ありとあらゆることを調べなければ許してもらえない雰囲気が、現場全体を暗雲のように覆っていたのです。デスクたちは、やれ徹底して取材しろ、とにかく確認しろ、調べあげてものを言え、と脅しのように繰り返すばかり。彼らの考えでは、そこから〝珠玉のコメント〟が生まれるそうで、若いアナウンサーたちは文字通り必死の形相で取材にあたっていました。

私はそうした雰囲気にどうしてもなじめず、一匹狼のように孤立していました。珠玉のコメントを練り上げるために取材するという感覚が、被災者の皮膚感覚とは程遠い、傍観者的なよそよそしいものに感じられて仕方がなかったからです。

もちろん報道に私情は禁物ですし、公平な立場で物事を見ることは大切です。しかし、多くの人々が亡くなり傷ついた現場で、淡々と取材を進める様子は不気味です。

珠玉のコメントを練り上げることに血道を上げ、取材することに自己陶酔して、本当に大切な部分、いわゆるハートを失っていたのではないでしょうか。

同じ関西人として、被災地に早く元気になってほしいという思いがあれば、取材や放送なんか二の次にして、笑顔で接し、時には冗談を言い、少しでも元気になってもらうよう振る舞うことが、何よりも大切だと感じるはずです。

被災者の取り組みの中に少しでも前向きのものがあれば、それがごく些細な内容であっても、明るい話題として多少オーバーに紹介しても良いと考えるでしょう。テレビを見た地元の人が、そこから少しでも勇気と希望をもってもらえるなら、客観的な報道ではなく、被災者びいきの主観的な報道も大切だと思うのです。

私はそんな意図から、うるさいデスクたちを無視して、明るく楽しい話題をデフォルメしてリポートしていました。放送全体のトーンからは、完全に浮いていました。

いま改めて振り返って、私はあれで良かったと確信しています。リポーターの顔が見えない冷徹な報道より、余程人間味があったと自負しているからです。

阪神淡路大震災の報道で試されたのは、いかに事実を早く正確に伝えるかではなく、地域を愛するハートをどれほど持っているかという点ではなかったでしょうか。

「寺谷さん、やりましたね。15パーセントですよ。これはすごい！」

編成部にいた後輩のN君が、視聴率のグラフを持って、興奮気味にやってきました。私が自作自演していたある番組が、全国ネットで驚異的な視聴率を記録したのです。私は、してやったりとばかり、N君にガッツポーズを見せました。

番組は、「商店街しゃべくり探訪・もうかりまっか」という30分の紀行ものです。

私が各地の商店街を探訪し、大阪弁のしゃべくりを駆使しながら、通りすがりではわからない町の魅力を発見してまわるシリーズもので、何もかも私が一人でやっていました。企画・構成はもちろん、主題歌の作詞から字幕のデザインにいたるまで、徹底した自作自演に挑戦していたのです。

「もうかりまっか」の題字は、お習字をやっている家内にイメージを伝えて書いてもらいました。とことん手作りにこだわったからです。

そんな番組でしたから、取材はもっぱら自分の足が頼りでした。放送で取り上げる商店街を決めたら、ノートを手にとにかく歩いて回ります。自分の五感を総動員して、面白そうなものを探すのです。商店街を何度も往復していると、何気ない店先に、意外な発見があるもので、取材ノートはたちまち真っ黒になっていきました。

そんな中から、特に興味をひいた店や人をピックアップし、ロケにのぞむわけです。普通の紀行番組なら、ここで入念な下準備が行なわれます。店の人とも事前に打ち合せをしなければいけませんし、撮影するポイントも決めておかねばなりません。他にも、下調べをすることは色々あります。

しかし、私はあえてこうしたやり方を取りませんでした。取材相手にロケの日程だけ約束して、後はぶっつけ本番で乗り込んだのです。

ねらいは、商店街の人たちの自然なリアクションを引き出すことにありました。従来のＮＨＫの紀行番組のように、打ち合せやリハーサルを何度も繰り返してから本番にのぞんだのでは、出演者もかえって緊張してしまいます。相手が普通の人であればあるほど、手間や小細工は逆効果なのです。

大阪という町は、ごく普通のおっちゃんやおばちゃんが、底抜けに面白い所です。そうしたユニークな人々のホンネを引き出すことができれば、それだけで番組は成功したと言えるでしょう。

ぶっつけ本番のロケは、私にとっても真剣勝負の場となりました。

カメラマンを始めとするスタッフも、こうした私のわがままを快く聞き入れて、やはり真剣勝負でのぞんでくれましたから、ロケはとても新鮮なものになりました。

何が起こるかわからない前代未聞の紀行番組は、こうしてスタートしました。

面白すぎる町の人々

「のぞいてワクワク商店街、笑顔と元気がてんこもり…」

私の作詞によるこんな主題歌が流れ、商店街しゃべくり探訪は始まります。取材でお邪魔した商店街は、どこも驚きと発見に満ちあふれていました。

例えば、ある商店街でレトロな店構えの〝何でも屋さん〟を見つけた時のこと。看板には大きく〝スーパーストアー〟と書かれ、ミスマッチな〝天龍堂〟という屋号が続いています。これだけで興味津々というものです。

中に入ってみると、そこはもう原色のワンダーゾーン。レジの横にゴキブリホイホイが置いてあり、その脇にお線香が並んでいます。下の棚には野菜とお菓子、その上はボタン電池というハチャメチャぶり。およそスーパーやコンビニとは違います。

人の良さそうなご主人に聞いてみると、ここは元々〝おやつセンター〟として創業したのだとか。それが、都心部のドーナツ化現象で子供が少なくなり、おやつだけで商売するのが難しくなっていったそうです。

そうこうするうちに、デパートや大型スーパーが出来て、商店街の雑貨屋さんや八百屋さんなどが店を閉め、近所の人に頼まれるまま、色々な品物を置くようになって、現在の姿が出来上がったと言うのです。

私は感動しました。店の変遷は、この町の歴史そのものだったからです。

思わぬ展開に盛り上がっていると、ふとあるものが目にとまりました。店の奥に大きな冷蔵ケースがあって、その上にトイレットペーパーが並んでいます。どう見ても売り物なのですが、近づいてみると、私が手をのばしてやっと届くかどうかという高さなのです。

「このペーパー類、どうやって取るんですか？」

私は何気なくたずねました。

「ああ、これはな、こないして取るんや」

ご主人はそう言うと、冷蔵ケースに引っかけてあった売り物のビニール傘をつかみ、トイレットペーパーをはたき落とすではありませんか。

「みんなこないして取ってくれはるんや。お客さんもよう知ってはるわ」

私はしばしあっけに取られ、再び感動しました。お客さんとの親密なコミュニケーションがなければ、こんな芸当は出来ません。

この町には、人情味あふれる暖かい人間関係が、しっかりと息づいていたのです。番組では、こうしたやりとりの一部始終を放送しました。

ユニークなハンコ屋さんに遭遇したこともあります。

その店は、わずか5坪ほどしかないのですが、壁一面がスライド式の棚になっていて、何と10万本のストックがあるというのです。

ご主人は、日本人の姓の99・9パーセントを網羅していると豪語します。どのハンコ屋に行っても特注になるような珍名も、ウチなら絶対あると言うのです。しかも値段は百円からで、珍しい名前になればなるほど高くなるそうです。

これを聞いて、私にはあるアイデアが浮かびました。ロケに来ているスタッフの名前を探してもらい、いくらであるのか比べてみようというわけです。

たまたまスタッフは珍名揃いでした。別にわざとそうしたわけではなく、あくまで偶然だったのですが、お店の実力を試すには絶好のチャンスです。私の提案を聞いて、ご主人は俄然テンションが上がりました。

私は次々とスタッフを紹介していきます。カメラマンもそれにあわせてついてきます。スタッフたちは、まさかこんな形で番組に出演するとは思ってもいなかったようで、みな顔が引きつっています。

チャレンジの結果は、ADの阿部君が百円。音声の本所さんが4百円。照明の中長さんとカメラの宗円さんが7百円。車両の日野見さんが9百円でした。

いやはやお見事。全員のハンコがあったわけで、ご主人は鼻高高です。

万事がこんな調子で、打ち合せなしのぶっつけ本番でしたから、番組は極めてユニークなものに仕上がりました。視聴率が高かったのはもちろん、局内でも評判となり、見ていないからビデオを貸してほしいと方々から頼まれました。

全国ネットに昇格して放送されたものも何本かあり、NHK的な枠にはまった番組作りだけが成功するわけではないことを、内外にアピールすることにもなりました。私としては、自作自演のチャレンジが成功したわけで、大きな自信がついたことは言うまでもありません。

シリーズは終了してしまいましたが、まだまだ取り上げていない商店街がたくさん残っていますから、また機会があれば、ぜひチャレンジしてみたいと念じています。

恐怖の30分間「新世界一周」

「寺ちゃん頼む、絶対君にしか出来ない番組なんだから！」

同期のディレクターＳ君が、猫なで声で懇願してきました。

「しかしなぁ、ムチャな話やで、やっぱり…」

私は逡巡しました。Ｓ君は、さらに説得を続けます。

「そこを何とか！　技術さんたちも、寺ちゃんしかいないって言ってるし」

大阪の新世界から、夜の生中継をしようという企画が持ち上がった時のことです。私はしぶしぶ首をタテに振りました。

新世界といえば、通天閣でお馴染みの、大阪南部の歓楽街です。俗に〝ディープサウス〟と呼ばれ、まさに濃厚なコテコテの下町です。なかなか楽しい所で、私も取材で何度かお邪魔していますし、地元の方々にもお世話になりました。しかし、それは昼間の話であって、夜は様相が一変します。

いわゆる日雇い労働者の皆さんが、大阪府下一円から飲みにやってきますから、ジャンジャン横丁などのメインストリートは、大変な賑わいになります。不景気のあおりで、皆さんストレスがたまっていますし、中には顔を写されたくないという人もいるでしょうから、そんな所で生中継をすれば大混乱は必至です。ロケと違って、中継車とカメラはケーブルでつながっていますから、百メートル移動しようと思えば、それだけのケーブルを引きずっていかねばなりません。スタッフの数も膨大になりますし、群衆の中をどう動くというのでしょうか。

在阪の民放ですら、昼間にロケに行くことはあっても、夜に生中継なんか絶対にやりません。危険が大きすぎることを熟知しているからです。

私が担当することになったのは、「生中継にっぽんの夜」という番組でした。列島各地の夜の表情をライブで紹介するという、斬新な趣向を売りに始まったもので、記念すべき第一回が「新世界一周」だったのです。

企画を出した同期のS君は東京出身で、半年前に転勤で大阪にやってきたばかり。関西に住んだことも、大阪に親戚がいるわけでもありません。

ただ何となく、新世界が面白そうだという理由で、企画を出したと言います。

上司のプロデューサーも、東京から単身赴任で来ていた人で、「それ面白そうじゃん」

という単純な発想で、企画会議を通ってしまったらしいのです。

恐いもの知らずというか、知らぬが仏というか、とにかく決まってしまったものは後に引けません。お金もかかった、鳴り物入りの番組なのです。

S君は、現場の交通整理にディレクターを3人張りつけると言いましたが、私はとても足りないと感じました。

それ以上要員は出せないと言うので、私は個人的にADを1人雇って、自分の身の回りをケアしてもらうことにしました。自分で人を雇ってまで放送にのぞんだのは、後にも先にもこれっきりの体験です。

そしていよいよ放送当日。心配した家内は、お腹に雑誌を巻いていけと言います。さすがにそんなことは出来ないと断ると、「刺されそうになったら、放送なんか気にせんと、はよ逃げて」と、涙目で言われてしまいました。

まさに出征兵士の心境です。心臓の鼓動が、いやがおうにも高ぶります。

現場に着いてみると、技術スタッフもADたちも、やはり緊張した面持ちで私を待っていました。皆心なしか、普段より口数も少なめです。

普通、全国ネットの大規模な中継番組ともなると、入念なリハーサルが何度も繰り返されるものですが、夕闇迫る新世界はすでにかなりの賑わいで、とてもリハーサルどころではありませんでした。ディレクターのS君も、これでは何も出来ないと、あきらめた様子でした。ヘタに群衆を刺激すれば、放送すら危うくなってしまうからです。

そんなわけで、異例中の異例でしたが、ぶっつけ本番でのぞむことになりました。本番1回こっきりの、まさに真剣勝負というわけです。

そうこうするうちに、あっという間にオンエアの時間となり、テーマ音楽が流れ始めました。もう後には引けません。成功を祈るのみです。

私はカメラを従えて、通天閣をスタートしました。10数人のスタッフが、ライトや音声などの機材を持ってついてきます。周囲は黒山の人だかりです。

放送が始まって10秒もしないうちに、方々から怒声が聞こえ始めました。

「コラァNHK！　誰の許可えてこんなことしとるんじゃ！　邪魔やないかい！」

全くもってその通り、通行の邪魔以外の何者でもありません。私はとにかく、笑顔で陽気にリポートしながら、5秒に1回謝っていました。

「ここがジャンジャン横丁の入口です。すんませーん、ちょっと通して下さいね。アーケードは昔のまま変わっていません。ごめんなさーい、失礼しまーす」

こんな感じで、群衆にもまれながら、私は進んでいきました。まるでラッシュ時の電車の中を移動しているようなもの。顔は笑っていましたが、冷や汗が出ていました。

とにかく、人の波をかきわけながらジャンジャン横丁を10メートルほど入ると、今度は四方八方からディレクターたちの悲鳴が聞こえ始めました。

「や、や、やめてください。うわあー」

「ああっ、何をするんですかっ！」

無謀な中継に怒った人たちに次々つかまって、どうやら殴られたり蹴られたりしているようです。悲痛な叫びがドップラー効果を伴いながら遠ざかっていき、1人また1人と、ディレクターたちは姿を消していきました。

そしてついに、私の周囲を固めるスタッフは一人もいなくなり、カメラさんにパンチが飛んだのを横目で見た瞬間、私は笑顔でリポートを続けながら、近くの飲食店に飛び込んでいました。進行も構成もあったものではありません。

その後も、謝りたおしながら大阪弁で愛想よく進み続け、30分後、中継のゴールに設定した、当時まだ建設中のフェスティバルゲートまで辿り着きました。

この時の安堵感は、ちょっと例えようがないくらい大きなものでした。

画面で見るかぎり、中継は大変面白おかしく進行していたようです。視聴者の皆さんからも大好評で、放送としては奇跡的にうまくいきました。

しかし、私でなければ出来なかったというよりは、私以外のアナウンサーが行って、共通語で真面目にリポートしていたらどんな顛末になったか、想像しただけでも血が凍ります。ナニワのアナウンサーだから、サバイバルを生き延びたというわけです。

しかし、私がいくらアドリブが得意で、行き当たりばったりに強くても、こんな体験はもう二度としたくありません。

長いＮＨＫ人生の中で、最も恐かった思い出です。

アンテナなくして取材はできぬ

「大阪のことなら、寺谷さんに聞いてみろと言われまして…」

ある中堅ディレクターのFさんが、頭を掻きながらやってきました。

「討論番組に参加してくれる元気な大阪のおばちゃん、ご存じないですか？」

私の所には、こんなリクエストが頻繁にあります。総じてNHKは、地域の人とのつながりが希薄です。政財界のトップや文化人とは懇意にしていても、ごく普通の人々とのパイプはありません。

対する新聞や民放は、地道な活動をしている地域の人々に精通しています。取材のアンテナやネットワークを、市民レベルで張りめぐらしているからです。

例えば、大阪北部で月刊20万部を発行する「シティライフ」㈲シティライフNEW／摂津市）という地域情報紙があるのですが、ここの情報収集能力というのは半端ではない。私は創刊の頃から配布地域の一読者として愛読してきたのですが、数年前から取材を通じても色々とお付き合いするようになって、ずいぶんたくさんのネタを頂戴しました。

情報番組のリポートから生中継に至るまで、実に十指に余るほどの企画が、この情報紙の取材ネットワークを通じて生まれています。それほど質が高いのです。

最近の放送では、市民による酒づくりの話題が好評でした。

大阪の茨木市で、地元の農家や酒屋さんなど市民の有志が幻の酒米を復活。田植えから稲刈りまで自分たちでこなし、収穫した米を地元の酒蔵で醸造、お酒を作っているという話です。都市近郊のベッドタウンで、何から何まで地元にこだわり通した地酒を、市民の有志が生み出したわけですから、町おこしとして実にユニークな取り組みです。

私は「シティライフ」の編集部から情報提供を受けて取材を進め、番組の企画にしたのですが、それより早く、やはり全国紙のいくつかも取材をされていて、記事として取り上げていました。ここでも、新聞の情報収集能力の高さに驚かされると同時に、もし私が情報提供を受けていなかったら、決してＮＨＫは、こんな地道な取り組みを知ることはなかったろうと、いささか複雑な心境でした。

「シティライフ」からは、この他にも、大阪在住の世界的なガラス工芸作家の方や、全国的にも非常に珍しい〝ワンちゃんと入れる高級レストラン〟のオーナーなど、地元で活躍されているユニークな人物を大勢紹介してもらい、放送で取り上げました。

いずれも視聴者の皆さんから好評を頂戴し、企画者としては喜ばしい限りなのですが、私が取材しなければ、NHKは取り上げる機会を逸していたでしょう。

要は、人のつながりなのです。常に地元に密着して取材活動をしていれば、人の輪はどんどん広がって、色々な情報が次から次へと集まるようになります。当たり前の話ですが、こうした人的なネットワークこそが、メディアにとっての命綱。かけがえのない財産だと言えるでしょう。

地元出身者の比率が極端に低かったり、地域に情報を提供してくれる知人や友人がいなければ、こうしたネットワークは決して出来ません。

地域の皮膚感覚を持った人間が、日常の暮らしの中で、あるいはちょっとした会合で、新しい動きやユニークな活動を知ることが、取材の第一歩なのです。

市民レベルでの情報収集のアンテナなくして、身近な話題は手に入らないわけですが、こうしたアンテナを張りたくても張れないのが、転勤族の宿命なのでしょう。

日曜の朝が恐い!?

「おーい、早く新聞持って来い！」

日曜の朝は、ニュースデスクのこんな大声から始まります。

「ああ良かった。先を越された記事はなさそうだ」

しばらくして、デスクが安堵のため息をもらしました。人が手薄な日曜の朝は、ＮＨＫにとって鬼門なのです。とにもかくにも、東京にマンパワーが集中しているあおりで、地方の放送現場をあずかる職員は本当に大変です。特に関西は旗色が悪い。

関西の地盤沈下が叫ばれて久しいとはいえ、大阪に本社を持つ民放も新聞社も、やはりそれなりの規模を誇っています。東京に比べれば小さくとも、名古屋や福岡など他の中核都市のメディアに比べれば、格段に大きな力を持っているわけです。

ところが、ＮＨＫだけはそうではない。東京の本部以外は、大阪も名古屋も福岡も、拠点局という同じ位置付けで、民間ほどの力の差はないというのが実情です。

大阪放送局も、建物だけは立派なものが出来ましたが、働く人間が増えたわけではないので、中身は完全に昔のまま。合理化で人が減ってきた分、地域放送に割く時間は少なくなっているのが現実です。

そんな逼迫した状況の中で、一番気の毒なのは記者の面々かも知れません。

せっかく優秀な資質を持った人が多いのに、在阪の新聞各社に比べれば、マンパワーの不足は明らか。余程の大事件は別として、同じ現場でも、担当する記者の数が新聞社と倍ほど違うことも珍しくないそうです。

ましてや、ただでさえ人が少なくなる休日のハンデは、想像以上のものがあります。

私はある時期、土曜の夜から日曜の朝にかけてのニュースを担当していました。いわゆる「泊まり勤務」と呼ばれるもので、ニュースデスクや記者たちと放送局の中に泊まり込んで、テレビとラジオのニュースを出していくのです。

こうした勤務シフトは全ての曜日に設定されていて、アナウンサーも毎日誰か一人は泊まり込んでいるのですが、平日に比べて週末は比較的平和で、人も少ない分、局内も静かでしたから、それなりに仮眠も取れて楽でした。

夜中に何事もなければ、早朝5時頃起きて洗面をし、6時のニュースから仕事です。大体は、ヒマネタと呼ばれる各地の話題や、あらかじめ発表されていた統計などの原稿が多く、事件や事故も少ないので平穏なのですが、そうでないこともしばしば。いわば、ちょっとしたパニックが起こることがあるのです。

騒動は大抵、新聞を読んでいたニュースデスクの叫び声から始まります。全国紙のいずれかに、NHKが全く取材していないニュースが載っているのを見つけてしまったのです。それも、社会面あたりにかなり大きく。

他愛のない話なら無視も出来ますが、結構重大な内容だとそうもいきません。泊まりの記者が新聞記事をもとに電話で取材をして、急遽原稿を書くことになります。

こんなのは予定外の追い込みですから、平和なはずの日曜の朝はどこへやら。別に事件や事故が起きたわけでもないのに、ニュースセンターは俄然慌ただしくなり、原稿を読む私まで気もそぞろになってしまいます。

こういう時は顔に出るもので、ただでさえ不得手なニュースがますます不調になって、画面を見た知人から「最近お疲れのようですね」などと心配される始末。

別に疲れても困ってもいないので、何とも複雑な心境です。

それにしても油断のならない日曜の朝。新聞を読み終えたデスクが「ああ良かった」と安堵する光景を、私も神に祈る思いで待っていたのでした。

カレー事件と物量作戦

「寺谷君、大丈夫？　和歌山で大変なことが起きているみたいだけど」

日曜の朝、一人でニュースの当番をしていた私の所に、先輩アナウンサーのＳさんが、緊迫した声で電話をかけてきました。

「どういうことですか？　今朝はいたって平和ですよ…」

「何ねぼけたこと言ってるの！　民放を見てごらん、大騒ぎになってるよ！」

これが、夏祭りの夜を一変させた、毒物カレー事件の始まりでした。土曜日の夜、それは普通の食中毒のニュースとして入ってきました。自治会の夏祭りでカレーを食べた人たちが食中毒症状を訴えたというもので、原稿にはいずれも症状は軽いと書かれていました。疑う理由は何もありませんでしたから、原稿通りにニュースを読み、その日は何事もなく終わりました。ニュースデスクと、カレーで中毒することもあるのかと、軽口をたたいていたのを覚えています。危機感は全くありませんでした。

こうして夜は更けて行き、地震も事故もなく、平和な日曜の朝を迎えました。

朝のニュースも平穏そのものでした。6時台と7時台にテレビのニュースが3回あるのですが、いずれも展覧会の話題など、予定されたものばかりでした。

状況が一変したのは、朝食を終えてひと休みしていた時のことです。

家で民放を見ていた先輩のSさんが、和歌山の食中毒で死者が出ているというニュースを知って、心配して電話をかけてきたのです。

最初、私は耳を疑いました。そんな情報は、NHKには全く入っていませんでした。急いでテレビのリモコンをつかみ、チャンネルを変えます。確かに、毎日放送など民放のいくつかでニュース速報が流れています。仰天したのは私だけではありません。ニュースデスクも記者たちも、この報道で一気に色めきたちました。ニュースセンターは、蜂の巣をつついたような大騒ぎです。

この事件の一報をつかんだのは、新聞や通信社の方が先でした。

恐らく、医療関係者などからのリークではなかったでしょうか。例えば、和歌山県立医大や日赤のドクターが、同窓生のいる在阪のメディアにいち早く情報を伝えたとも考えられます。

この辺り、私がこれまで指摘してきたような、地域にネットワークを持たないNHKの弱みが出たと言いましょうか。警察や消防の発表よりも、現場の情報が先行し、ＮＨＫが置いていかれたわけです。

にもかかわらず、この事件に関しては、ＮＨＫの報道が圧倒的だったと、皆さん感じておられるのではないでしょうか。

これにはからくりがあって、いったん大事件が発生すると、ＮＨＫは全国どこであろうとも、東京から大部隊を派遣して、あっという間に主導権を握ってしまうのです。カレー事件の時も、東京の本部から、それこそ何百人という記者やカメラマンが和歌山に派遣され、徹底した物量作戦で他社を圧倒してしまいました。まるで太平洋戦争当時のアメリカ軍みたいなもので、とても民放が太刀打ちできるレベルではないのです。

この点では、報道にかけるＮＨＫの面目躍如たるものがありますが、最初のとっかかりがしっくり来ないのは、果たして私だけでしょうか。

といいますのも、ただでさえニュースが似合わない″ナニワのアナウンサー〟は、この事件以来しばらく、口の悪い同僚から″ウソつきアナウンサー〟とからかわれる始末。

別に、私がウソをついたわけではないんですが…。

ナレーション革命

「寺谷君、大阪弁のナレーション、やってみる気はありませんか？」

ディレクターのNさんが、こんなリクエストを寄せてきました。

「お笑いタレントではやれない、かっちりした、それでいて個性的なナレーションが欲しいんです。新番組にインパクトを出したいんですよ」

Nさんの意気込みは相当です。私は喜んで引き受けることにしました。

こうしてスタートしたのが、「オモシロ学問人生」という番組です。

NHKとしては初めて、全国ネットの番組に大阪弁のナレーションを導入した画期的な試みでした。

放送は深夜の時間帯でしたが、隠れた人気番組となり、3年間も続きました。全国で活躍するユニークな研究者を主人公に、その学問の成り立ちから最新の成果までを紹介するというもので、実に多彩なテーマを取り上げました。

例えば、「お酒を飲んだ後にラーメンを食べたくなるのはなぜか」とか、「コギャルのファッションは体に良い」、「コンピューターにダジャレを教える」などなど。

世の中には、何とも風変わりな研究をされている先生方が沢山いることを、私も番組を通じて教えられました。

それまでのＮＨＫの番組ナレーションというと、徹底的に練り上げた一字一句を、かんでふくめるように語りかけるというものでした。

ところがこの番組では、私がアドリブを入れても良いというのです。私はもう、嬉しくて仕方がありませんでした。出演者の先生とかけあい漫才風にしてみたり、ツッコミを入れたりと、自分なりに工夫も出来て、毎回が新しい発見の連続でした。

ディレクターの大半が関西の人間ではありませんでしたから、書いてくる原稿も大阪弁の体をなしていません。それをどうアレンジして、面白い大阪弁のナレーションに仕上げるかは、全て私の双肩にかかっていました。アナウンサーとしての力量に加えて、話芸のセンスも問われた番組だったのです。

実際、アブノーマルなリクエストも頻繁でした。

例えば、動植物の研究者が登場する回などは、テーマとなる昆虫や生き物の声を、私に大阪弁でやってほしいというのです。

普通のアナウンサーなら怒って断わるのでしょうが、生来のイチビリである私は、声優になったつもりで楽しんでやりました。大阪弁のホタルや女郎グモ、ウーパールーパーから木の芽まで、よくまあこんなに色々こなしていたものだと、自分でも不思議なくらいです。

木の芽なんてどうしゃべるのか、皆さんも想像できないと思いますが、この時は「森林の保全」がテーマで、森に入ってきた心ないハイカーに木の芽が怒るのです。ハイカーが無造作に木の芽の上にリュックを降ろすと、「イッター、何すんねんな」。うっかり魔法瓶のお茶をこぼすと、「アッツー、気いつけてんか」てな具合。

同じＮＨＫの番組でも、「生きもの地球紀行」や「自然のアルバム」などとは対極の、実にコミカルでコテコテの世界です。

口八丁手八丁を武器に、バラエティーなどの仕切りを得意としてきた私でしたが、この番組は、大いに勉強になりました。

ここで経験した試行錯誤が、自分の成長につながったと感謝しています。

殺人的過密スケジュール

「いやあ、アイドルタレントなみの忙しさですね、無理しないで下さいよ」後輩のディレクターＫ君が、心配そうに声をかけてくれました。

生中継の後、ナレーションをこなして、スタジオ収録にやってきた時のことです。

「ダブルヘッダーはよくあるんやけどな、トリプルは初めてや」

私はつとめて明るく振る舞っていましたが、正直いってヘトヘトでした。

一日に二つの番組をかかえることを〝ダブルヘッダー〟なんて言いますが、さすがの私も〝トリプル〟というのは初体験でした。

この殺人的なスケジュールが襲ってきたのは、平成10年のことです。

私は同時に、「ひるどき日本列島」「オモシロ学問人生」「堂々日本史」という3本の番組をかかえる羽目になりました。

どれも全国ネットの大きな番組で、アナウンサーとしてはこれ以上ないほどの栄誉ではありましたが、いささか詰め込み過ぎでした。

K君が声をかけてくれた日のタイムスケジュールをご披露しましょう。

まず朝7時に出勤し、「ひるどき日本列島」の現場に向かいます。この週は、「心ほのぼの河内にポッ」と題して、大阪の河内をめぐるシリーズを放送していました。

朝8時過ぎ、この日の舞台である羽曳野市のブドウ畑に到着。一緒に旅をしていた女優の小沢真珠さんと打ち合わせをしたあと、技術スタッフを交えてのリハーサルです。

あっというまに午前中が過ぎていき、昼の12時20分から本番がスタート。河内ワインで景気よく乾杯して、1時前に放送は無事終わりました。

翌日の打ち合わせもすっとばして、私はスタッフに別れを告げ、慌てて局に戻ります。

午後2時、局へ着くやいなや、私はダッシュでダビングスタジオに駆け込みました。「オモシロ学問人生」のスタッフが、「お疲れさま、『ひるどき』面白かったですよ」と迎えてくれます。

しばし打ち合せと修正の後、いよいよナレーションの収録開始。大阪弁全開の語りが終了したのは、午後6時近くでした。

お腹が減ってきましたが、食べる時間がありません。今度は、テレビ第二スタジオへと走ります。「堂々日本史」の収録がひかえているのです。

K君に「売れっ子はつらいですね」とねぎらわれ、カラ元気で応戦したのもつかの間、スタジオにライトが灯り、収録が始まりました。

この回のテーマは「平安恋愛スキャンダル」。私はリポーターとして、平安時代の装束に身を包んだ役者さんと一緒に、再現ドラマに出演します。全てのシーンを撮り終えたのは、何と真夜中の1時近く。実にハードな一日でした。

タクシーの中でウトウトしながら帰宅しましたが、翌日はまた「ひるどき日本列島」の本番が待っています。朝8時には、現場である富田林に行かねばなりません。

疲れ過ぎていたのか、テンションが高まっていたからか、その日はなぜかよく眠れませんでした。こんな仕事が続いていたら、過労死していたかも知れません。

それにしても、前代未聞のトリプル攻撃。民放さんの事情は知りませんが、少なくともNHKでは、一人のアナウンサーが一日で全国ネットの番組を3本もこなしたというのは、新記録ではないでしょうか。

これがタレントさんなら、仕事が多い分、ギャラにもはね返ってきますが、悲しいかなサラリーマンの身分では、手当なんてしれています。

売れっ子はつらい、などと軽口をたたけるように、私もなりたいものです。

ないないづくしの新番組

「新番組のキャスターをやってもらいたいんだが…」

上司のYさんが打診してきました。良い話のはずなのに、どこか浮かない顔です。

「実は、予算も要員もスタジオもないんだ。知恵と工夫で乗り切ってほしい」

平成11年春、夕方5時台の地域放送がスタートした時のことです。

それにしても、お金や人が少ないのはわかるとして、スタジオがないとは!?

新番組なんか本当に出来るのか、私は半信半疑の状態でした。

そもそもの発端は、1年前にさかのぼります。

東京で、夕方5時台に首都圏向けの情報番組をスタートさせたところ、これが予想外にヒットし、視聴者から好評を博したのです。気を良くした上層部が、首都圏以外でもやってみたらどうかと提案し、北は北海道から南は九州沖縄まで、いっせいに夕方5時台の番組が始まりました。

やりたくなければやらなくてもよい、という条件がついていたはずですが、フタをあけてみれば、どこも横並びで手をあげていたわけです。

NHKというのは、東京一極集中の官僚組織ですから、中央の意向には逆らえません。いくら台所事情が苦しくとも、やらないわけにはいかないのです。そんな経緯で始まったのが、私がキャスターを務めた「夕方5時です千客万来」という1時間の番組でした。カメラが〝千客万来〟と染め抜かれた暖簾をくぐると、私とタレントの武内由紀子さんが「まいど、いらっしゃい」と軽快に出迎える、軽いノリのバラエティーです。

スタジオがないため、局の玄関ロビーにセットを組んで、公開生放送というスタイルを取りました。防音も空調も不十分な空間は、外の騒音を容赦なく拾い、夏は暑く冬は寒いというメチャクチャな場所でした。2月の厳寒期、背中にカイロを貼って放送したことを覚えています。とてもスタジオと呼べるような代物ではありませんでした。

マンパワーもギリギリで、私もディレクターを兼務して、得意の自作自演スタイルで、制作スタッフを助けていたことは言うまでもありません。

とにかく、絶対的に予算や要員が不足していて、民放の情報番組のように、ほうぼうにロケをしてVTRをたくさん作るということが出来ませんでしたから、苦肉の策として、日替わりでゲストを招き、トークショーで時間を埋めるしかありませんでした。

もちろん、人気タレントや大物俳優などもしばしば登場しましたが、出演者の多くは、地道な活動をしている市井の人々でした。知名度のない、地味なゲストで1時間をもたせることに、スタッフの多くは四苦八苦していたようですが、私はかえってやりがいを感じました。

そうしたゲストの人となりを余すところなく紹介し、いかにトークを盛り上げるかは、まさにキャスターの力量にかかっているからです。

有名人を相手にするよりずっと難しいこの作業に、私は全身全霊を傾けました。

東京と違って、関西のこの時間帯は、昔から在阪民放の人気番組が目白押しで、我々は苦戦を強いられましたが、ファンは着実に増えていきました。スタジオを開放したのも功を奏し、熱心なお客さんが、雨の日も風の日も通ってくれるようになりました。そうしたお客さんと、放送の合間や休憩時間に世間話をしたりするのも、私の楽しみの一つになっていきました。

新しい大阪放送局とは対照的な、薄汚れた旧会館の暗い玄関ロビーのスタジオでしたが、年間で1万人を超える方が来て下さり、業界関係者からも注目されていたようです。

結局この「千客万来」は、わずか1年で終了し、「とっておき関西」とタイトルを変えて再スタートすることになるのですが、いまだに当時を懐かしむ声が、局内の関係者だけでなく、ドラマの収録にやってくる役者さんや、視聴者の皆さんからも聞かれます。

まさに型破りなドブ板路線で彗星のように登場し、周囲に惜しまれながら消えていった「千客万来」。

ナニワのアナウンサーにとっても、生涯忘れがたい番組となりました。

時計が2分も進んでた⁉

「それ、寺谷さんやから丸くおさまったんとちゃいますか。普通やったら、間違いなくクビでっせ！」

知り合いの制作会社のプロデューサーが、感服したように言いました。生放送で起こった、ある事件を話して聞かせた時のことです。

それはまさに、ＮＨＫの番組史上でもまれにみる、前代未聞の事件でした。前述した「千客万来」で、大阪のある商店街から生放送をしていた時のことです。商店街の探訪や、素人参加の演芸コーナーなど、番組は実に賑やかに、楽しく進行していました。放送の終了は午後6時。フィナーレが近づいていました。

スタジオではありませんから、時計は電池式のものを持ち込んでいました。この時計を頼りに、きっかり6時に終わるように、番組を進めていくわけです。

生放送ですから、１秒たりともおろそかにするわけにはいきません。

商店街の皆さんとの大団円、秒針を見ながら、6時の10秒前から手を振り、「それではまた来週」とお別れの挨拶をして、無事に終わったかのように見えました。

ところが、テレビの画面が、いっこうに次の番組に切りかわらないのです。おかしいと思って、ふと自分の腕時計を見て仰天しました。時刻は5時58分。放送終了まで2分も残っています。頼りにしていた現場の時計が、いつのまにか2分も進んでしまっていたというわけです。

さあ、ここからが見せ場。普通なら「時刻を間違えておりました」とか何とか、とにかく真面目にお詫びするところだと思います。

ところが私の場合、スタッフからくだんの時計を奪い取って、「ちょっと見て下さい、時計が2分も進んでいるやないですか」とやってしまった。共演者もノリの良い関西人ばかりでしたから、皆で時計に怒ろうということになって、時計に向かっていっせいに「コラ！」とやる展開になりました。

勢いにけおされたのか、カメラさんまで時計をアップにして、メーカー名までサービスするというおまけつき。

後はとにかく冗談でつないで、6時きっかりに「今度はホンマに終わりです。サイナラ！」としめくくりました。

まさに冷や汗ものでしたが、これで万事丸くおさまってしまったのです。

面白いのはその後のなりゆき。前代未聞の失態ですから、スタッフは皆、何らかの処分があるものと覚悟していたらしいのですが、一切お叱りはありませんでした。それどころか、「今日のは奇抜な演出でしたね」などと感心される始末。

誰も事故だと気づいていないことがわかり、ホッと胸をなでおろしました。

普段から何をしでかすかわからないと思われているだけに、破天荒なナニワのアナウンサーのキャラクターが、妙なところで身を助けたというわけです。

マルチユースと連動作戦

「来年はマルチユースでいくから。手間もかからないし、グッドアイデアだよ」

プロデューサーのKさんが、得意満面で話しかけてきました。

夕方5時台に放送していた「千客万来」が、「とっておき関西」とタイトルを変えて、再スタートした時のことです。私は相変わらずキャスターをつとめていましたが、マルチユースという言葉が何を意味しているのか、まだよくわかっていませんでした。人も予算も機材も限られた中で、何とか地域放送をやっていこうと生まれた苦肉の策が、マルチユースです。

同じ番組を1回だけの放送で終わらせるのではなく、2回3回と活用して、新作を作る手間を省こうという考え方です。同じ番組をまるまる放送すれば再放送ですが、少しでも手を加えれば、それは再利用であって、マルチユースということになります。

例えば、「西日本の旅」という短い紀行番組があって、毎週土曜の朝に放送されていたのですが、これを「とっておき関西」にマルチユースすることになりました。

方法はいたって簡単です。中身はそのまま放送して、前後のスタジオ部分で解説を加えたり、紀行の舞台になった土地の産物を紹介して、プラスαをつければ良いのです。たったこれだけで、再放送ではなく、賢いマルチユースということになります。

「とっておき関西」には、こうしたマルチユースが氾濫していました。「西国巡礼」や「とびっきり京都」「健康ツボ体操」などなど、よくまあこれだけかき集めたものだと感心するくらい、多彩な番組が再利用されていたのです。いずれも、ほんの少し手を加えるだけですから、手間も経費もほとんどかからず、制作スタッフにとっては大助かりでした。

しかし、この涙ぐましい知恵と工夫も、関西の視聴者には通用しませんでした。いくらマルチユースとカッコつけてみたところで、所詮は使い回しに過ぎないことを簡単に見破られてしまい、ソッポを向かれてしまったのです。

担当のプロデューサーたちは、頭をかかえてしまいました。「千客万来」の時の様に、毎日ゲストを呼んできてトークするスタイルには戻れないし、マンパワーや予算も増える見込みは全くない――では、どうすれば良いのか。

結局、お昼前に放送していた30分の地域情報番組をリストラして、そのパワーを夕方にシフトすることになりました。

しかし、リストラするとはいえ、番組をやめてしまうわけにはいかないので、お昼前も「とっておき関西」にして、夕方と同じような内容で放送しようというのです。

どこかのキャラメルみたいに、〟一粒で二度おいしい〟というわけで、２本分の番組を作る手間と労力を、１本の番組のためにかけることができます。これを称して〟連動〟だそうで、ネーミングだけはしっかりしているから不思議です。

こうしてスタートしたのが、お昼前と夕方の、２つの「とっておき関西」です。

私は相変わらずキャスターをつとめ、もうこの泥沼から抜け出せなくなっていましたが、番組が分裂して２つに増えた分、他のアナウンサーも加わって、個人的には負担が減り、かなり楽になりました。

平成13年の秋には新しい大阪放送局もオープンして、スタジオもかなり良くなりましたし、見学の方もそれなりに来て下さるようになりました。

しかし、視聴率の方は今一つで、夕方は教育テレビにも勝てない有様です。もちろん、在阪民放の同じ時間帯の番組の方が、はるかに高いことは言うまでもありません。ない知恵をギリギリまでしぼっているというのに、世の中は厳しいものです。

借金取りがやってきた

「た、た、大変っス！　スタジオに恐いオニーサンたちが押しかけて来たっス！」

アシスタント・ディレクターのM君が、血相を変えて部屋に飛び込んできました。髪の毛は逆立ち、顔面は蒼白。もうほとんど半ベソ状態です。

「どないしたんや。ドラマの撮影でもしとったんと違うんか？」

私が呑気に応えるのを見て、M君は目を潤ませながら、声を枯らして叫びました。

「ち、違います。ホンマもんのヤクザが、Sを出せ、いうて凄んでるんですぅ！」

私が以前キャスターをつとめていた夕方の情報番組では、曜日ごとにテーマを決めて、スタジオにコメンテーターやゲストを招いていました。

恐いオニーサンたちが出せと要求したS氏も、そんなレギュラー出演者の一人で、毎週木曜日の、川柳のコーナーを担当していたのです。番組は生放送で、しかも玄関ロビーで一般公開していましたから、恐いオニーサンたちにしてみれば、木曜日のしかるべき時間に来れば、S氏がいると考えたのでしょう。

確かにその推理はもっともで、本来ならS氏とオニーサンたちは、スタジオで鉢合わせしてもおかしくありませんでした。

ところがです。放送の直前になってS氏の代理という人物から連絡があり、S氏が急病で番組に出演できなくなったというのです。急な話に、担当のディレクターと心配していた矢先の出来事でした。

玄関ロビーにやってきたオニーサンたちは、総勢で5名。格好も雰囲気も、正真正銘、どこから見ても、コワーイ職業の人たちです。それこそ映画やドラマに出てきそうな面々で、場所が場所だけに、撮影と誤解されても仕方がないほど、ありそうにもない光景が広がっていました。

実際、私もM君も、咄嗟に思い浮べたのは、「ナニワ金融道」に出てくる借金取り立てのシーンでした。しかしこれはフィクションではなく、あくまで現実なのです。オニーサンたちは、ドスのきいた声で、執拗にS氏の所在を聞いてきます。M君はもう失神寸前。私に何とかしてくれといわんばかりです。

しかし、いくらアドリブに強い百戦錬磨の私でも、ヤクザを相手に口八丁手八丁というわけにはいきません。こんなのは、アナウンサーの仕事を超越しています。

ここはもう、番組の責任者に来てもらい、しかるべく話をつけてもらうしかないと判断し、私とM君は、チーフ・プロデューサーのKさんにバトンタッチして、一目散にその場から立ち去りました。

これは後からわかったことですが、番組のレギュラー出演者だったS氏は、実はその筋のヤミ金融から莫大な借金をしていて、返済に窮していたらしいのです。

そして、ついに自らの経営する出版社が倒産し、行方をくらましてしまった。

早い話が〝夜逃げ〟をしたというわけで、オニーサンたちは、S氏を追ってNHKまでやってきたといいますから、ホンマに事実は小説よりも奇なりです。

S氏は、それ以来番組からも姿を消し、未だに所在がつかめていません。

一体どうしているのやら…。いや、もうこれ以上考えるのはやめにしましょう。

美味しく食べるも芸のうち

「ホンマに美味しそうに食べはりますねぇ。見ていて気持ちがええわ」

著名な料理研究家のDさんが、番組が終わった後、感心したように言いました。

「ちょこっとだけ食べて、すぐ美味しい言う人がほとんどやのに、寺谷さんはしっかり味わってくれはるから、作る方も嬉しいわ」

スタッフも一様に頷いています。ディレクターのS君が笑いながら切り返しました。

「でも、あんまり黙々と食べているから、どこで止めようか迷いましたよ」

80年代の半ば頃から、テレビの世界でグルメ番組が幅をきかせるようになりました。タレントもアナウンサーも、あっちでパクパク、こっちでパクパクやっています。

まさに飽食の時代、高級グルメからゲテモノ、キワモノまで、何でも胃袋につめこまなければいけませんから、リポーターはなかなか大変です。しかし不思議なのは、罰ゲームでもない限り、顔をしかめるようなシーンはまず出てこないということ。世の中、そんなに美味しいものばかりではないと思うのですが。

そして、時間がないせいもあるのでしょうが、大抵のリポーターは、口に食物を運ぶやいなや、間髪入れずに「うまい」とか「おいしい」とか叫んでいます。

もっと気になるのは、ひと口かふた口食べたと思ったら、すぐやめてしまうこと。次が控えていたりするので、ある程度セーブしないと満腹になるのはわかりますが、手付かずに近いものがさげられてしまうと、ああもったいない、と思ってしまいます。

かくいう私も、これまでに数えきれないくらい、食べ物のリポートをしてきました。しかしそこは、ホンネで勝負の〝ナニワのアナウンサー〟ですから、普通でない展開になることもしばしばです。

例えば、苦手なものに遭遇した時。私は雑食性で、好き嫌いはほとんどないのですが、いわゆる〝なれずし〟の中には、どうしてもダメなものがあります。

私が以前やっていたスタジオ番組で、この〝なれずし〟の特集がありました。まさに、私にとっては拷問のような番組です。

スタッフ一同、私がどう出るか、ビクビクしていたらしいのですが、何のことはない、私はアッサリ「これは嫌い」だと宣言し、もっぱら他の出演者への〝お取り分け〟に専念することにしたのです。

困ってしまったのは、番組を一緒にやっていたタレントのＴさんです。実は彼女もなれずしが苦手だったらしいのですが、私がいきなり取り分け役を宣言したものですから、自分は食べないわけにもいかず、ひと口食べて「結構いけますよ」なんて、涙ぐましい笑顔を作ってリポートしています。

しかし、放送が終わったとたん、お茶をゴクゴク飲んでゼイゼイやっていましたから、やはり相当キツかったようで、いやはや悪いことをしてしまいました。

反対に、嫌いでないものは、放送中であっても、私はとことん味わい尽くします。もちろん、食べながらしゃべることは出来ませんから、そういう時は共演者に、「僕は食べてますから、しゃべっといて下さい」などと振ることもしばしば。

本当に美味しいものに遭遇した時は、残しても気の毒なので、延々パクパクやりながら司会進行したりして、ディレクターから「食べるのやめて下さい」なんて指示をもらうこともあります。こんなアナウンサーは、ＮＨＫでは私だけだったでしょうね。大阪人の性といいますか、美味しいものには仕事を忘れて没頭してしまうのです。

もっとも、そんな生来の食いしん坊である私も、食物を口に運ぶまでは慎重です。

先日も、番組の小道具として使ったお饅頭を、放送が終わってスタッフと食べようとした時のこと、パッケージに賞味期限が記載されていないのが気になって、私はしげしげとお饅頭の観察を始めてしまいました。

腹をすかせたスタッフたちは、何も気にせずに、ひたすらパクパクやっています。と、その刹那、スタッフの1人が悲鳴を上げました。残ったお饅頭の大半が、緑や白のカビにびっしり覆われているではありませんか。

中には、青ノリ饅頭かと見紛うほどの、強烈なものも混じっています。お腹をこわした者はいませんでしたが、何事も慎重にという教訓でしょうか。

以来、スタッフの私を見る目が変わりました。怪しい食物があると、とにかく私の所にお伺いを立てにくるのです。

私は別に、お毒味アナウンサーを宣言したつもりはないのですが…。

戦々恐々ピコピコパンチ

「今日は、ちょっとでも失敗したら、これが飛んでくるでぇー、覚悟しいや！」

私は、隠し持っていたピコピコハンマーを振りかざしました。ピコピコハンマーというのは、おもちゃのトンカチで、叩くとピコッと音の出るあれです。

とたんに、共演者にも、スタッフにも、そして技術さんにも緊張が走りました。

ＮＨＫの放送は、良くも悪くも予定調和で、破綻というものがありません。たとえ生放送であっても、あくまで決められた展開通りに進めようとします。

アナウンサーは、まさにそうした進行のかなめ役。台本や構成に従って番組を進行し、話が横道にそれても、率先して戻さなければなりません。

ハプニングをおさめ、間違いを訂正し、どんな時にも冷静でいる必要があります。

もちろん、スタッフや出演者との打ち合わせも入念に行ない、リハーサルにもぬかりがないよう、隅々まで目配りしていないといけないのです。

私も、わかってはいるのです。しかし、なかなかこれが性に合わないから困りもの。

根っからの大阪人で、いわゆる〝いちびり〟なものですから、真面目に淡々とやるのがどうしても苦手で、アドリブで予定にないことを率先してやってしまったり、ハプニングを歓迎する傾向があって、いつも周囲をヒヤヒヤさせています。

そんな私がキャスターをつとめていた公開番組に、職業体験の中学生が見学に来ることになりました。課外学習の一環で、社会の厳しさを肌で学ぼうというわけです。

これを聞いて、私は思わずほくそ笑みました。面白いアイデアが浮かんだからです。

私は早速、ピコピコハンマーの調達にかかりました。

仕事の厳しさを体感してもらうには、何といっても、我々が率先して見本を見せる必要があります。それも、後には引けないスタジオの生放送で…。

当日のリハーサルは、予定どおりに粛々と進行しました。私は、ハンマーのことなど、おくびにも出しませんでした。

そしていよいよ本番。番組の冒頭で、私はいきなりハンマーを登場させ、誰もが予想もしていなかった、ある趣向を説明したのです。

まあ、趣向といっても中身は単純で、誰かが間違えたり失敗したら、ピコピコパンチが飛んでくるというだけのこと。もちろん、私本人も含めてです。

フロアのディレクターやカメラマンなど、放送に関わる全員が対象であることを伝えると、とたんにスタジオの空気が緊張しました。一緒に司会をしていたタレントのAさんなど、目が点になっています。

こうして、恐怖の1時間がスタートしました。

言い出した本人が間違えたらカッコつきませんから、私も普段より必死です。誰が最初の犠牲者となるか、みんなビクビクしながら、いつもより慎重に仕事をしているように見えるのは気のせいでしょうか。

と、その刹那、フロアのディレクターがやってくれました。スタジオで使う小道具を受け渡しする時に、誤ってセットの植木鉢を倒してしまったのです。

ゲストと話が盛り上がっている真っ最中でしたが、私はすかさず飛んでいき、第一撃が振り下ろされることになりました。

こうなると、もうスタジオは大爆笑。緊張の糸はプツンと切れたも同然です。

間髪入れず、ゲストのガーデニングの先生が言い間違えをして、次のパンチを浴びました。横で見ていたタレントのAさんも、笑いをこらえきれずに、ついには口が回らなくなって、パンチの洗礼を受けてしまいました。

と、今度はカメラの切り替えがおかしくなって、ギクシャクするシーンが出現。原因は副調整室にいるディレクターとスイッチャーです。

私はステージをかけおりて、ガラス越しにパンチを数撃浴びせます。卓に座っている裏方全員が、ゴメンナサーイと謝っているのが見えて傑作でした。

そしてついには、張本人の私も噛んでしまい、自分で自分にキツーイ一発をピコッ。異様な盛り上がりのうちに、その日の生放送は終わりました。

それにしても、ちょっとしたことで、スタジオやスタッフの空気は変わるものです。予定調和も結構ですが、アホなお遊びも、時にはいい刺激になるようで、これなら毎日ピコピコハンマーを持って仕事をしようかなと、真剣に考える今日この頃です。

理詰めよりもサービス精神

「今日もリハーサルが楽しみです。どんなギャグを考えてはるんですか？」

私の番組に関わったスタッフたちは、口を揃えてこう言ってくれます。段取りと進行にとらわれがちなＮＨＫの中にあって、私は枠にはめられるのが大嫌い。せめてリハーサルだけでも、本番では口に出来ないギャグやジョークを交えて、現場のスタッフに楽しんでもらおうと、サービス精神旺盛にやってきました。

ＮＨＫの番組は、大なり小なり完璧主義で作られています。たとえ生放送であっても、事前の打ち合わせやリハーサルは徹底して行ない、計画通り進めようとします。

良くも悪くも、破綻のない〝予定調和〟に終始していると言えるでしょう。

私はこうした体質を嫌い、徹底した〝ぶっつけ本番〟路線を歩んで来ました。全国放送であろうとローカル番組であろうと、自分のホンネをストレートにぶつけて、ありのままで勝負してきたつもりです。

何度もリハーサルや打ち合わせをしているのに、初めてであるかのように振る舞うことは、私の生理にはどうしても合いません。

〝寺谷アナは、本番まで何をしでかすかわからない〟と陰口を叩かれようが、初めての感動というものはとても大切だと思います。

だからこそ、リハーサルを本番通り真面目にやったのでは、遊び心も新鮮さも失われてしまいます。肝心な所は適当にはぐらかしながら、それでいて面白おかしくやってこそ、出演者の間にも、ライブの醍醐味を楽しむ雰囲気が生まれるというものです。

もちろん行き当たりばったりではダメで、〝臨機応変かつ当意即妙〟でなければなりません。番組がどんな展開になってもきっちり仕切れるように、リハーサルと本番を使い分けながら、私は試行錯誤を続けてきたのです。

私がリハーサルと本番を仕分けるのには、もう一つ理由があります。

街角からの生中継や公開生放送では、見学のお客さんも大勢います。こういうケースでは特に、リハーサルは観客のためのエンターテインメントでなければなりません。

本番と同じようにやったのでは感動がなくなりますし、手を抜いて流したのでは気の毒です。いかに本番と違うことを、面白おかしくやれるか――お客さんを意識したこのサービス精神が、番組の成否を決めるのではないでしょうか。

例えば、お客さんにインタビューする時です。関西は、いわゆる〝素人さん〟がとてもユニークですから、リハーサルで調子に乗ってもらい、本番ではさらにパワーアップしてもらわなければ意味がありません。リハーサルと本番で同じ質問をしたのでは、本人も白けてしまいます。こうした場合、私は常に、リハーサルでは軽いジャブを放ち、本番で真剣勝負しています。

魅せるリハーサル、という意味では、他にも努力をしています。

例えば、料理やお菓子などを食べるシーン。リハーサルでは本物を決して見せず、パントマイムでいかにも美味しそうに食べて見せるのです。

落語家が扇子でうどんをすするようなもの。そこまでやっているアナウンサーは、ＮＨＫ広しといえども、私ぐらいのものでしょう。

別のキャスターがお知らせ原稿を読んでいる間、見学のお客さんが退屈そうにしていたので、即興の創作ダンスを披露してウケたこともあります。

生放送の本番中に、突如変なことを思いついて、いきなりやるのも私は得意です。

ある視聴者参加のクイズ番組で、答えを考える時間＝シンキングタイムに、お客さんがいっせいに同じポーズで考え込んでいる振り付けを思いつき、いきなりやってみたところ、大ウケしたこともありました。放送中に霰が降ってきたので、スタジオを飛び出して、道路まで拾いに行ったこともありました。

こういう脱線も、やみくもにやってはダメで、ちゃんとカメラがフォローできるかなどを見極めなければいけません。

まさに一瞬の判断ですが、私の場合、ディレクターとしての経験が生きています。台本を暗記したり、段取りを覚えることに腐心するよりも、スタッフもお客さんも巻き込んで楽しんでしまうというサービス精神が、放送には大切ではないでしょうか。

私にニュースは似合わない

「いきなり母親から携帯に電話が来たんで、何が起きたんかとあわてました」

アシスタントディレクターのM君が、照れ臭そうに話し始めました。

「どないしたんやって聞いたら、『大変や、寺谷さんがニュース読んではる』、言うんです。えらいびっくりしたみたいですわ」

その場にいたスタッフから、大爆笑が起こりました。

そら一応、私もアナウンサーの端くれですから、ニュースぐらいは読みますが、M君のお母さんのようにびっくりする人も、決して珍しくはないのです。

今まで随分たくさんの視聴者の方からお便りをもらいましたが、中でも一番多かったのは、『ニュースを読んでいる姿に、思わず笑ってしまいます』という内容のものです。余りのミスマッチに、吹き出してしまう人は後を断ちません。中には、視聴者センターに、私が双子なのかと問い合わせて来た人もあるそうです。

つまり、ニュースを読んでいる私と、バラエティーなどの司会をしている私が、見かけはそっくりだが、実は別人、例えば双子の兄弟ではないかと言うわけです。

わざわざNHKまで電話をかけるくらいですから、余程気になっておられたのでしょうが、そういう奇特な御仁は1人でなく、これまでにも何人かおられたようです。

どういうわけか、私を桂三枝師匠の弟だと思い込んで、真相を確かめるべくお手紙を下さった方も、2人ほどいらっしゃいます。

良くあるのは、咄家かタレントと勘違いしていて、アナウンサーと知って驚いたというケース。吉本の芸人だと信じていた人は、かなりの数に上るのではないでしょうか。

こうした視聴者の皆さんの反応を、私は自分の勲章だと感じています。

私のモットーは、"カッコつけず、かしこぶらず、ホンネで勝負する"というもの。ダテに"ナニワのアナウンサー"を標榜してきたわけではありません。本来のキャラクターを殺して、優等生ぶったり、真面目になったりする人が多いNHKアナウンサーの中にあって、自分のありのままを包み隠さず出していたのは、私だけといっても過言ではないでしょう。

あえてそうして、NHKのカラを破ることが、私の目標でもあったからです。

しかし、こうした型破りな路線は両刃の剣で、熱烈に支持して下さるファンの方がいる一方で、毛嫌いする方ももちろんいます。

先日も、ある年配の視聴者の方から抗議のお便りが届いたのですが、よくよく読んでみると、ゲストの言葉を私が言ったかのように勘違いして立腹されているのです。

その旨お返事を書いたところ、丁寧な詫び状を頂戴し、かえって恐縮してしまいました。

私の場合、自分を偽ってイメージを変えることは出来そうにありませんから、これからも評価は真っ二つに別れていくと思います。

今までのところ、熱烈に支持して下さる方の方が、毛嫌いされる方の倍以上はいて、折りにふれて激励して下さいますから、ファンの皆様には心から感謝しています。

一方で、嫌いだという方をゼロにするつもりも毛頭ありません。好きでも嫌いでもないと言われるより、あいつは嫌だと言われる方が、存在感は数段上です。

個性とは、そういうものではないでしょうか。

第4章
さらば、NHK

地位も名誉も振り捨てて――

「本当にやめてしまうんですか？　どうしてそんなバカなことを!?」

私が15年間勤めたNHKを退職する決意をした時、周囲の誰もが驚いて言いました。

「こんな不況のどん底で、何でわざわざ路頭に迷うようなことをするんですか」

親しい友人の多くが、私に思い止まるよう説得しました。NHKにいれば将来は安泰のはずなのに、あてもなく飛び出すなんてどうかしていると言うのです。

「せっかく立派な建物が完成したのに、もったいないじゃないですか」

こう主張する人もたくさんいました。確かに新しい大阪放送局の外見だけから判断すれば私の決断は常軌を逸しているとしか思えないようなのです。

しかし私にとって、NHKをやめることこそが、冒険の第一歩だったのです。

実は、平成12年の暮れ頃から、私の決意はゆるぎないものになっていました。

東京への転勤を3回も断わり、地元大阪に居座り続けてきた〝ナニワのアナウンサー〟でしたがサラリーマンである以上、抵抗には限界というものがあります。

私が訴え続けてきた、地域密着型人材の必要性は、確かに正論ではあります。

しかし、日本的会社組織の中では、こうした主張は、単なるわがままと受け取られても仕方ありません。慣習や秩序をも乱すことにもつながりかねないからです。

ましてや、年齢的にも30代の半ばを越え、管理職が目前となっていました。部下を管理する立場になってしまえば、信念を貫き通すわけにもいかなくなります。地方局のデスクや副部長として、現場を離れることになってしまうかも知れません。そんな回り道をして、出世をしていくことに、どれほどの値打ちがあるのでしょう。

私は元々、組織になじむタイプではありません。

座右の銘は「鶏口となるとも、牛後となるなかれ」ですし、父は実業家、母は宝塚出身の芸能人ですから、ＤＮＡがそうさせるのかも知れません。

家庭事情の面でも、兄弟がいませんから、70歳を越えた両親が介護を必要とした時は、私が責任をもたなければなりません。

幸い、私の家族は全て、大阪を中心とした関西に生活基盤を置いています。

私のまわりには、恩師や先輩、友人や後輩、取材で知り合った人々など、かけがえのない人的ネットワークが存在しています。

大好きな関西を離れることなく、あくまでも生活と家族を大切に、フリーのアナウンサーやジャーナリストとして生きていければ、こんな幸せなことはありません。

何もかもが東京に一極集中した今の時代に、一人ぐらいこういう男がいても良いのではないでしょうか。

ナニワのアナウンサーにとって、一世一代の大冒険が始まりました。

新たなる旅立ち

「あんた、NHKやめたんやな。なんでまたそんなことしたんや?」

民放で始めたワイドショー番組の生放送でのこと。クイズに答えてもらおうと電話をつないだ視聴者の方が、いきなりこんな質問をしてきました。

「いやね、東京への転勤を断ったんですわ。出世よりも地元に残りたくてね…」

この後、なぜか話がはずんで、本来のクイズはどこへやら。スタジオのスタッフも大笑いという顚末になってしまいました。

NHKを退職する決意を固めて間もなく、私の志に賛同してくれた業界の関係者から、様々な仕事の打診が寄せられるようになりました。身勝手な理由でフリーになったナニワのアナウンサーにとっては、これ以上のエールはありません。私は感謝の気持ちでいっぱいでした。

結局、「三都ネット・らぶかん」(KBS、サンテレビ共同制作)という関西エリア向けのワイドショー番組の司会を、月曜から金曜まで担当することになり、ラジオでも「寺谷一紀の土曜はおまかせ」（ラジオ大阪）という3時間半の番組を持つことになりました。立命館大学の講師として、放送業界をめざす学生たちを指導することにもなり、各種の講演や司会の依頼も多数寄せられて、ＮＨＫ時代よりも多忙な日々となったのです。

不況のご時世に、様々なチャンスを与えていただいて、私は本当に幸せ者です。関西に根づいて良かったと、改めて実感しました。

ワイドショー「らぶかん」では、気取らずカッコつけず、ホンネで勝負しています。視聴者の反応も好意的で、ＦＡＸなどを募集しても、ＮＨＫ時代の何倍も来るという、いわば〝嬉しい誤算〟の毎日です。

冒頭で紹介したエピソードも、ハガキでクイズに応募して下さった視聴者の中から、私がその場で抽選して電話をつないだ時のやりとりです。クイズに応募されたのは奥さんなのですが、たまたまご主人が電話に出て、ノリの良い方でしたから、思わず世間話になってしまいました。

ご主人は開口一番、「いつも見てるでー」と激励して下さり、近くにいるらしい奥さんを大声で呼んだあと、「なんでＮＨＫやめたんや」という話になったわけです。私もついつい話し込んでしまい、スタッフからクイズに行くように促されて、ようやく奥さんにかわってもらったまでは良かったのですが…。

奥さんもいきなり「なんでNHKやめはったんですか?」と切り出したものですから、スタジオは大爆笑で、私もおかしくて笑いが止まりませんでした。

テレビでこんな気さくなやり取りができるのも、民放ならではだと思います。

ちなみに、この奥さんは見事クイズに正解され、賞金の1万円を手にされました。いやはや、関西人のパワーというか底力は、ホンマにたいしたものですね。

「らぶかん」は地域密着を謳い文句にしているだけに、スタッフもアットホームです。ある日のこと、リハーサルが終わって席を立とうとした瞬間、スタジオの照明が消えて真っ暗になったことがありました。

停電かと思いきや、遠くから「ハッピーバースデー」の大合唱。ロウソクに火の灯ったケーキが運ばれてくるではありませんか。この日は私の誕生日で、スタッフが私のために仕組んだ演出だったのです。

私はまたまた、この番組を引き受けて本当に良かったと、喜びをかみしめました。

それにしても、民放は実に鷹揚です。何でもかんでも予定通りに進めないと気が済まないNHKに比べて、打ち合わせの時間も台本の量も半分以下。

私を信頼して任せてくれますので、まるで自由の翼を得たような心境です。ある程度の節度を保ちつつ、マイクにホンネをぶつけていると、私はつくづく、関西の民放に向いているのだと実感します。

実は、ＮＨＫ時代の同僚や後輩たちも、私の番組を結構チェックしているようで、普段はＮＨＫしかついていない休憩室のテレビに、なぜか「らぶかん」が映っていて、数人がかたまって見ていることもあるとか。

私としては、嬉しい反面、プレッシャーを感じて緊張してしまいます。

電話やメールで反響も多く寄せられるのですが、大半は、番組の自由な空気や楽しそうな雰囲気が「うらやましい」というもの。

ＮＨＫの中でフラストレーションをためている人間は、意外にたくさんいるようです。とにもかくにも、フリーになった以上、これまでの延長線で仕事をするのではなく、新しいことにも、どんどんチャレンジしていかなければなりません。当面は民放中心の活動となりそうですが、いつかまたＮＨＫの番組に戻ることも視野に入れながら、関西からの情報発信に微力を尽くす決意です。

先生と呼ばれて…

「これから、ある有名講師の授業に潜入します。あっ、いました。あの先生です」

民放での初仕事となった「らぶかん」でのこと。番組冒頭の特集コーナーが、いきなりこんな探検隊風の大げさな演出で幕を開けました。

ある大学の授業をリポーターが潜入取材するシーンなのですが、この授業というのが、ナニワのアナウンサーのもう一つの初仕事だったのです。

普段の放送で緊張などしたことのない私も、この時ばかりは大汗をかきました。

私にとって新たなチャレンジの一つが、大学で講師をつとめることでした。京都の立命館大学から招聘され、エクステンションセンターという所で、放送業界などをめざす学生のための、実践的な教養講座を開くことになったのです。

題して「実践放送塾」。メディア論から放送局の舞台裏まで、硬軟取り混ぜた講義内容で、週一回、衣笠キャンパスの教壇に立っています。

実はＮＨＫ時代から、専門学校のような所で不定期に教えたり、大学に単発の講演などで呼ばれることはしばしばありました。しかし、年間を通して本格的な講義をするのは、今回が初めての試みです。

自分自身の勉強にもなって、やりがいがある反面、放送のようにスイスイとはいかず、試行錯誤の連続でもあります。

学生に最も反響が大きかったのは、ＮＨＫ職員の地元比率について講義した時です。ＮＨＫは、東京を本部とする全国組織で、転勤によって成り立っていますから、例えば大阪放送局の中にも、地元の人間はほとんどいません。年によって多少の変動はありますが、職員の圧倒的多数が、首都圏で生育したか、東京近辺の大学を出た者で占められています。

これは採用からの傾向で、例えば、平成13年度の新人アナウンサー22人の内、関西出身者は何とゼロ。一人もいないというのですから、見事に徹底しています。

若い時に赴任先で配偶者を見つける職員が多いため、家族の出身地もバラバラとなり、盆や正月の帰省時など、局内は民族の大移動さながらの大騒ぎとなります。

私のように、家内ともども生粋の大阪人というのは例外中の例外で、それこそ天然記念物みたいな希少な存在でした。

こんな体験やデータを紹介しながら、放送局にとって地元比率が低いことや、頻繁に転勤があることがプラスなのかマイナスなのか、学生と議論しました。

ポイントになったのは、日本と欧米先進国の比較です。

欧米では、ヘッドハンティングは別として、いわゆる普通の勤め人は、地域に根ざして生きており、転勤などという概念はほとんどありません。日本よりもはるかに、生活や家族というものを大切にしているわけです。

一方、日本では、江戸幕府以来の中央集権の伝統が、参勤交代や転勤という独特の社会構造を築き上げてきました。昔の武士たちも現代のサラリーマンも、お上や組織の都合によって、いやおうなく全国各地を異動させられてきたのです。いわば双六のコマのような人生です。地に足が着いているとは言えません。

講義に出ている学生の大半が、こうした転勤人生をマイナスだと評価しました。転勤のメリットについても話し合いましたが、有効な意見は出ませんでした。

彼らを見ている限り、日本人の価値観も変わりつつあるようです。未来に少しは希望が持てそうだと、私はホッと胸をなでおろしました。

ちなみに、同じ全国規模のマスコミでも、新聞社は少し事情が違います。

転勤もNHKほど極端ではありませんし、地元比率にしても、例えば朝日新聞や毎日新聞は大阪が発祥の地ですから、地元の人材がかなりいます。ましてや民放は地元が本社ですから、転勤もほとんどありませんし、人材の地元比率が圧倒的に高いことも言うまでもありません。

同じマスコミ業界でも、かなり温度差があるというわけです。

こうした内情を具体的に見ながら、日本のジャーナリズムのあり方を考えてもらうことが、私の講義のねらいでもあります。

メディアの一極集中を正すためにも、一人でも多くの学生が、地域に根ざすことの大切さに気づいてほしいと考えています。

そして卒業生の中から、将来の関西のメディアを担う人材が数多く巣立ってくれることを願ってやみません。

若い人たちの意識を啓蒙すれば、未来を変えることも決して夢ではないのです。

「京都市中京区にあるこのお店は、１８００年の歴史を持つ老舗でして…」

生放送のスタジオでのこと。リポーターのTさんが、真顔でこう切り出しました。私はすかさず突っ込みを入れます。

「ちょっとちょっと、そら１８０年の間違いとちゃうか？」

「えっ？　あーっ、ごめんなさーい！」

出演者もスタッフも大爆笑。これがあるから生放送はやめられません。

ＮＨＫ時代から、出演者のボケに突っ込みを入れるのが大好きだった私にとって、民放での生放送はとてもエキサイティングです。共演するタレントさんも、はるかに個性の強い、面白い人たちばかりですから、ボケのバラエティーも実に豊富で、毎日が楽しくてしかたありません。

１８０年を１８００年にしてくれたTさんも、いわゆるメガトン級の天然派で、いつも強烈なボケをかましてくれます。

私はこういう人、大好きです。突っ込みがいがあるというのは、大阪人にとって嬉しい限りで、漫才なら最高の相方。この時も、「なんぼ京都でも、そんな大昔に都はないで」などと、皆でワイワイ盛り上がりました。

ちなみにＴさんは、生放送の真っ最中、出番のないスキに楽屋でおにぎりを食べていていつのまにか出番となり、スタッフに慌てて呼び戻されたこともあります。ＣＭの間にバタバタと駆け込んできた姿は、またまた周囲の爆笑を誘いました。

やはり共演者で、漫才師のＫ君も、天然の味で楽しませてくれます。

ある時、Ｋ君がプレゼンテーターになって、山形のサクランボの美味しさをアピールするというコーナーがありました。それでは食べてみましょうと、美味しそうに試食したまでは良かったのですが、何を思ったか、種を出さずに次のリポートを始めてしまいました。

しばらくしゃべって、やはり口の中の種が邪魔だと気づいたのでしょう、カメラに撮られているとも知らず、彼はおもむろに種を出すと、そのまま自分のズボンのポケットに、モゾモゾゴソゴソ、ぎこちなくしまうではありませんか。

横で一部始終を見ていた私は、もうおかしくて、笑いをこらえるのに必死でした。

私のそんな様子に気づいたK君は、よせばいいのにわざわざリポートを中断して、真顔で「どうしたんですか、寺谷さん?」と聞いてくる始末。私はますますおかしくなって、ついに我慢しきれず、イスから転げ落ちて大笑いしてしまいました。

放送中にこんなに笑ったのは、後にも先にもこの時が初めて。

NHKの番組でこんなことをしたら、それこそ始末書ぐらいでは済みません。

Tさんや K君に勝るとも劣らない天然派が、アシスタントのOさんです。人の名前を間違えるなんて朝飯前、スポンサーの名前まで間違えて、プロデューサーを青くさせた逸話の持ち主でもあります。

そんなOさんが、ある時、コーナーの前振りでまたまたやってくれました。

「次は〝らぶかんピックアップ〟です。担当は、えーと、誰でしたっけ…」

私も出演者もスタッフもカメラマンも、全員でコケそうになりました。

コーナー担当のJ君は、それこそ目が点になり、しばらく絶句してしまいました。ずっと一緒にやってきたレギュラーの出演者なのに、いとも簡単に名前をすっとばしてしまうあたり、Oさんはホンマたいしたものです。

こんな強烈なボケっぷりには、そうそうお目にかかれませんから、いつでもパワフルに突っ込めるように、ハリセンか何か常備しておかないといけませんね。

ちなみに、ボケとは少々違いますが、番組に送られてくるファックスで驚かされることもしばしばあります。番組では毎日テーマを決めて、視聴者からナマでファックスを募集しているのですが、有名人から飛び込みの投稿が結構あるのです。

先日も、ある若手漫才コンビをゲストに招いてトークしていたところ、あの「ザ・ぼんち」のおさむさんから激励のファックスが届きました。

スタジオが大いに盛り上がったことは言うまでもありません。

準レギュラーのタレントさんが、いちびりでファックスを送ってくることもしばしば。

こんなアットホームな番組は、民放でも他にはないでしょう。

総天然色の出演者に囲まれて、私も負けてはならじと、トレードマークのマユゲを動かしながら、存在感のアピールに余念のない毎日です。

予算はないけどハートがあるさ

「プレゼントだけは必死で集めてます。視聴者に少しでも得をしてもらわないと」

ディレクターのIさんが、打ち合わせの席上、胸を張って言いました。

長引く不況は放送業界にも影を落とし、東京も大阪も番組の予算は減る一方。もちろん私の番組「らぶかん」も例外ではありません。

そんな中、視聴者が一人でも多く得をするよう、お店や企業とかけあって、プレゼント集めに奔走しているというのです。私は、そんなIさんの真摯な姿勢に、頭が下がる思いでした。

番組の予算といえば、私はNHK時代、散々痛い目にあってきました。

民放でも同じですが、全国ネットとローカルの番組では、予算に大きな差があります。同じジャンルの番組で、10倍以上の開きがあることも珍しくありません。

私がNHKで長いことキャスターをつとめていた関西向けの公開番組は、そんな低予算の典型みたいなものでした。

お金も機材も人もなく、知恵と工夫で毎日を乗り切っていたのが実情です。大体、新番組としてスタートした時点から、スタジオがなかった。局内のスタジオは、ドラマなど他の番組で手いっぱいで、仕方なく玄関ロビーに照明をつるし、格安で買ってきたイスとテーブルを置いたのです。

文字通り玄関ですから、ゲストの出演者にも驚かれることがしばしばで、いきなり初回の放送から、笑福亭仁鶴師匠に「ここ通路やんか」と突っ込まれる始末。

実際、仕切りも何もありませんから、放送中に目の前を人が往来するのです。エレベーターホールもすぐそばで、ドアが開くたびに「チーン」と音がしますし、時には受付嬢と大声でやりとりするお客さんもいて、気が散って仕方ありません。

機材も寄せ集め、スタッフも最小で、ディレクターなど総勢でも5～6人しかいませんでしたから、よくこれで毎日の放送が出来ていたものだと思います。

全く同様の番組でも、東京で制作している「スタジオパークからこんにちは」などは、あらゆる条件が月とスッポン以上に違っていました。

スタッフからして、こちらの10倍をはるかに越える人数がいて、現場は活気に満ちており、何でこんなに違うのかと意気消沈してしまうほどなのです。

まあこれは全国ネットの番組ですから、ある程度は仕方ないとして、どうしても許せなかったのは、関東地方向けの夕方の情報番組「首都圏いきいきワイド」。同じＮＨＫのローカル放送で、時間帯まで同じなのに、私がやっていた番組の数倍も、予算もスタッフも多いというではありませんか。

東京で制作するから、お金も人も潤沢に使えるというのは、どこか間違っています。受信料は全国一律の負担なのですから、人口の比率で考えれば、関西は最低でも首都圏の3分の2の予算や要員が使えなければ不公平ではないでしょうか。でなければ、選挙の一票の格差のような、受信料の格差が出来てしまいます。

一方、民放の場合は、スポンサーからの広告収入が全てですから、収益がどの程度かによって番組の予算も要員も変わってきます。あくまで自由競争の経済原理に左右されるわけで、ある意味で公平かつ透明です。

私の番組「らぶかん」は、低予算とはいえ、ＮＨＫのローカル番組に比べれば何倍ものパワーが投入されていて、内容もはるかに充実しています。

民放同士で比較しても、首都圏の番組と比べて、格差は納得できるレベルにちゃんと収まっていますから、かつて経験したような理不尽な思いはありません。

しかしそれでも、現状に決して満足せず、少しでも多く視聴者プレゼントを集めようというサービス精神はたいしたもの。海外旅行など豪華なものも結構ありますから、私もハガキを出そうかと本気で思ってしまいます。

実際、民放の場合、スポンサーにはなってもらえなくても、番組の中で取り上げることによって、お店や企業から商品の提供が受けられるという強みがあります。何でもかんでも節操なく、というのは考えものですが、吟味して良いものを取り上げ、それをプレゼントできれば、誰もが喜び得をすることになります。

しかし残念なことに、ＮＨＫはどうしてもこれが出来ない。どんなに良いものであっても、企業名や商品名は言えませんし、タイアップも出来ません。だからというわけではありませんが、視聴者の損得勘定を鑑みても、せめて受信料収入の比率分くらいの予算は関西に欲しいものです。

まあ、現役の職員ではこんなこともなかなか言えないでしょうから、やめた私がかわりに声を上げることに致しましょう。

「会長はん、この予算の格差、何とかなりまへんか。よろしゅうたのんまっさ！」

人のつながりを大切に

「ＮＨＫの方だけ、一人も来てくれませんでした。こんなもんなんですかねぇ？」

テノール歌手のＫさんが、事務所設立の記念パーティーの席上でつぶやきました。

大阪市内のホテルで行なわれたパーティーは盛大なもので、有名人や文化人、マスコミ関係者などそうそうたるメンバーが顔を揃えていました。私も末席を汚していたのですが、確かにＮＨＫ関係者を探しても一人もいません。退職した後とはいえ、何だか肩身の狭い思いがして、小さくなってしまいました。

私がＫさんと知り合ったのは、まだＮＨＫにいた頃のことです。私がキャスターをつとめていた公開番組にゲストとしてお招きし、スタジオでその美声を披露していただいて以来のご縁でした。記念パーティーへのお誘いも、光栄なことと喜んで駆けつけた次第です。

当然、当時のディレクターやスタッフなども顔を見せるだろうと思っていました。

ところが、在阪の民放や新聞社など、主だったマスコミから出席者が名を連ねる中で、ＮＨＫの関係者は退職した私だけ。意外な思いでした。

実を言うと、こういう状況は、以前にも何度か経験しています。この数ヵ月前にも、ある自治体の観光協会が開いた大きなパーティーで、やはりＮＨＫ関係者は私だけというシーンがありました。

もっと規模の小さな集まりではなおさらのことです。

どうしてこうなるのか。ＮＨＫの人間の人づきあいが特に悪いわけではありません。頻繁に転勤や異動があるために、せっかく知り合った相手から声をかけてもらっても、本人がいなくなったりしているからなのです。

たとえ異動していなくても、ずっと同じ部署で骨を埋めることはまずありませんから、赴任先での人間関係はどうしても希薄なものになりがちです。お誘いに対して出無精になるのは、致し方ないことなのかも知れません。

反対に、組織の中での付き合いはとても盛んです。上司や東京の人間と仲良くすることは、即刻人事に反映するからです。

まあこれは、ＮＨＫに限ったことではありませんが…。

私などは全く逆で、局外の方々との交流の方を大切にしてきました。

部内の飲み会を断って、商店街や地域の集まりに出かけたことは数知れず。上司や同僚から「付き合いの悪い奴だ」と言われても、地元で息長くやっていこうと思えば、人的なネットワークが何より の財産となるからです。

フリーになって、これがずいぶん役に立ちました。特に、土曜の朝のラジオ番組「寺谷一紀の土曜はおまかせ」で、その思いを強くしています。

この番組では、私がパーソナリティーとなって、とにかく好き放題しゃべっているのですが、いかんせん3時間半の長丁場ですから、やれることに限界があります。魅力的なゲストや、各界で活躍する文化人の方などにコメンテーターに来てもらえば、番組の幅も広がりますし、スタジオも盛り上がるというもの。

しかし、テレビよりもさらに限られた予算とスタッフで制作する中、毎回出演者を探すのは、並大抵の苦労ではありません。

そこでものをいうのが、これまでに培ったネットワークというわけです。

早朝の生放送にもかかわらず、これまでに、世界的なガラス工芸作家の竹内洪さんや、料理研究家の程一彦さん、タコヤキ評論家の熊谷真菜さん、フランス料理のムッシュこと富田常夫さんなど、多彩なゲストの方に来ていただきました。

もちろん、商店街や天神祭りの関係者などなど、関西の元気を支える市民の皆さんにも折りにふれてご登場いただきお互いにエールを交換しています。

出演者の方から、「寺谷さんの番組だから応援の意味をこめて」と、プレゼントを提供していただくこともしばしばで、私としても恐縮するやら嬉しいやら。とにかく大いに励みとなり、フリーになって良かったとしみじみ実感しています。

ＮＨＫをやめて、組織も権威も何もなくなってしまったナニワのアナウンサーですが、こうした人のつながりがある限り、恐いものはありません。

関西ならではの人情やぬくもりを大切に、ますます地域に密着して活動していこうと、決意を新たにしている今日この頃です。

地域密着は生活者の視点から

「NHKの新館も見学したんですが、期待したほどおもろいことおまへんなぁ…」

ある若手経営者の集まりに呼ばれた時、出席者の大半がこんな感想をもらしました。

実は皆さん、大阪市の歴史博物館を見学した後、隣接する新しいNHK大阪放送局にも足を運んだらしいのですが、見るものがあまりなかったというのです。

退職した後でしたが、私はこの話を聞いて、ひとつの教訓をくみとりました。

平成13年の秋、NHK大阪放送局が新しくなりました。それまでの旧態依然とした局舎に比べれば、夢のような立派な建物が出来たのです。私など、明るくてキレイなオフィスを見ただけで、もう嬉しくてはしゃいでばかりいたのですが、見学者にしてみれば、オフィスなんてどうでもいい場所です。

改めて見直してみると、見学コースはさして広くもなく、ボタンを押して映像が出るといった展示が中心で、放送局に来たという実感がわきません。

スタジオを見るためには9階に上がるのですが、エレベータの場所がわかりにくく、迷われる方が結構います。見学スペースにたどりついても、番組の収録をしていなければ、ただの真っ暗な空間を見るだけで終わってしまいます。

どんな商品にもユーザーの視点が大切なように、せっかく出来た新館なのですから、もう少し見学者の視点が生かされていても良かったのではないでしょうか。

そういえば、このスタジオ自体も曲者です。ハイビジョン対応で、ハイテク満載なのは良いのですが、ビルの上の階にあるというのが災いしました。搬入のエレベータが小さくて、大きなセットが入らないのです。植木のような、高さのあるものも持ち込めません。豪邸を建てたものの、玄関が小さくて家具が入らないというようなもので、大道具さんや搬入の業者の方などが困っていると聞きました。

これも、ユーザーの視点が生かされていれば、トラックごと乗れるようなエレベータをつけるなど、いくらでも改良できたはずです。

民間企業なら商売に直結しますから、もう少し現場本位になると思いますが、ＮＨＫはどうしても官僚的に、事務的になりがち。せっかくの最新鋭機材も、生かしきれなければ宝の持ち腐れではないでしょうか。

ユーザーの視点が大切だという考えを番組にあてはめれば、そこには〝生活者の視点〟が要求されていると思います。

例えば、育児をテーマにした番組を作るとして、取材や企画にあたる人間が独身ばかりだったらどうでしょうか。

松田道雄氏の名著『私は赤ちゃん』（岩波書店）にも、「育児雑誌に載っている離乳食の作り方は、おしなべてややこしいだけで何の役にも立たない。編集者に子育ての経験がないからだ」というような一節があり、けだし名言だと思います。

NHK時代、普段旅行にもいかないような堅物が紀行番組を制作したり、およそグルメとは縁のないような味音痴が料理番組を作っている姿をよく目にしました。

もちろん、知らないことは調べればわかりますし、出演者が専門家であれば番組の体裁は整います。しかし、制作者に体験や思い入れがなければ、どうしても上辺だけのものに終わってしまい、視聴者の共感を得にくいのではないでしょうか。番組のテーマが身近であればあるほど、制作者には皮膚感覚が必要なのです。

私はフリーになる前から、自分の趣味や関心の延長で番組を作ってきました。

関西のことは、関西の文化や言葉、ノリなどに精通している人間が、関西の視点で取り上げないと、どこかチグハグになるということも訴えてきました。

フリーになって、生活情報中心のワイドショー番組を担当するようになり、皮膚感覚の重要性をますます痛感しています。

幸いなことに、タイムカードに縛られるサラリーマンではなくなりましたから、放送が終わって何もなければ、まっすぐ家に帰るようにしています。そして、幼稚園から帰ってきた娘を連れ、夕食の買物などに出かけるのです。娘との対話の時間も増えますし、デパートやスーパーでいま何が旬なのか、どの程度の価格で売られているのか、肌で感じ取ることが出来ます。

番組の視聴者の大半が主婦ですから、司会者の私も、賢い消費者としての視点を持っていなければいけませんし、店員さんや声をかけてくれるおばちゃんたちとしゃべるのも、有益な取材の時間だと自負しています。

フリーになったおかげで、仕事と生活が、これまで以上に密接に結びつくようになり、良き父として、良き生活者としての〝自分探しの旅〟が始まりました。

エピローグ●あとがきにかえて

関西からのメディア革命

「いやあ、すっかりカルチャーショックを受けちゃったよ。関西ってすごいね…」

ＮＨＫ時代、東京から転勤してきたディレクターの先輩の多くは、目を丸くしながら、こんな感想をもらしていました。

「エスカレーターもどんどん歩くし、右と左も逆なのには驚いたよ」

ある先輩が、二の矢を放ちました。まわりは、「そうだそうだ」の大合唱です。

私もハタと気がつきました。東京では、エスカレーターに乗る人はじっとしているか、左側に立って右をあけています。大阪では、大抵の人がエスカレーターをせわしなく上り降りしますし、歩かない時は右に立って左をあけます。

狭い日本という国の中で、どうしてこんなにも顕著な違いが生じるのでしょうか。

実際、関西という地域は、同じ日本とは思えないほど、あらゆる毛色が独特です。ファッションも派手で個性を大切にしますし、タテマエよりもホンネを重んじます。インスタントラーメンやプレハブ住宅など、アイデア商品の大半が関西から誕生していますし、奇抜な発想を生み出す土壌にも恵まれています。

冒頭で紹介したエスカレーターの違いについても、色々と調べてみました。

関西では、大阪も京都も神戸も、右に立って左をあけます。急いでいる人には、左側を通って昇り降りしてもらうのが常識です。

ところが、関西以外は東京も名古屋も福岡も、どこも逆なのです。つまり、左に立って右をあけるのがルールになっています。

後者の方式、いわば東京方式は、日本の交通規則の応用です。ご承知のように、日本は左側通行ですから、追い越す場合は、人も車も右側からという理屈です。東京がエスカレーターというものを導入した時、このルールを当てはめたため、各地は全てこれに従いました。

ではなぜ関西はそうならなかったのか。世界のスタンダードに従ったからです。

エスカレーターを発明し普及させた欧米諸国では、パリもニューヨークもロンドンも、全て例外なく右側通行のルールが守られています。車の交通規則では日本と同じ左側通行のイギリスでも、エスカレーターだけは、昔から右に立って左をあけるのが常識になっているのです。

人間の生理から考えても、この方が自然ではないでしょうか。というのも、人間の大半は右利きですから、利き腕の右手で手すりを持って体を支え、左手はあけておくか、荷物を持っている方が楽というわけです。関西の人は合理的ですから、自分たちの生理に合った方式を採用したのでしょう。

車が左側通行だからと、エスカレーターに短絡的なルールを作った東京も東京ですが、それに横並びで従った地方も地方です。

いまの日本には、こうした東京的なものの考え方がはびこっています。メディアの世界にも同じことが言えます。日本のメディアは、東京的であるがゆえに、タテマエ先行で、個性に乏しく、主義主張にも欠けています。

欧米先進国の水準から見れば、はるかに遅れていることは明らかです。例えば、英国放送協会ことＢＢＣは、ＮＨＫと同じような公共放送ですが、必要ならば王室だって徹底的に批判しますし、国民の知る権利のためには、政治家や王室のスキャンダルなども率先してスクープします。

「モンティパイソン」のような、権力者や軍人を平気でこき下ろすパロディ番組も作りますし、ゾクゾクするような素晴らしいドキュメンタリーも制作します。主義主張が明快で、確固たる信念を持っているから出来ることなのです。

果たして日本のNHKに、こんなマネが出来るでしょうか。答えはノーです。NHKはもちろん、日本のメディアに、皇室の批判やスクープ、政治家を揶揄するパロディなんて、百年たっても出来ないでしょうし、国民もそれを望まないでしょう。

欧米のメディアは、テレビに限らず、それぞれにプライドを持って仕事をしています。メディアの果たすべき役割を、しっかりとわきまえているのです。ローカル局も公共放送も巨大ネットワークも、それぞれに政治や経済とは一線を画し、自分たちが言うべきことを、はっきりと伝えています。

もちろん一極集中もありませんし、地域ごとにオピニオンリーダーが存在します。大同小異でことなかれ主義の日本の状況とは、比べるべくもありません。

問題を複雑かつ深刻にしているのは、こうした日本の現状を、視聴者の誰もが気づいていないということです。

例えばニュース。男と女のキャスターが、テーブルの前に仲良く並んで座って、交互に原稿を読む――こうしたスタイル自体、後進国そのものです。

しかし、日本の視聴者には、これをダサいと判断できる物差しが備わっていません。多くの国民が同じ時間帯に「朝ドラ」や「紅白」を見て、一律に満足しているというのも、いかにも全体主義的で不気味です。

ハードウエアや技術という点でも、日本は世界の中で孤立しています。韓国や中国も、欧米にいまや世界のスタンダードは光ケーブルを使った情報通信です。日本だけがこれをやらず、BSデジタルとか、ハイビジョンといった、前世紀の遺物に負けじと必死で光ファイバー網を整備しています。

そして国民も、時流にとり残されていることを知りません。太平洋戦争時の大本営発表しがみついて生きています。

と同じで、正しい情報が入ってこないのです。

日本のメディアは、果たしてこのままで良いのでしょうか。

視聴者である我々が、自分の主義主張をはっきり持ち、自分の物差しで中身を判断しながら、厳しく取捨選択する必要があるのではないでしょうか。

私は、ここで関西の気質というものが、とても重要になってくると思います。

国家や政府を信用せず、権威に反発し、ホンネを重んじ、良い意味での個人主義が浸透している関西こそ、まさに欧米的な進んだ市民思想が息づいている場所です。一律の全体主義的な思考回路を断ち切るには、これまでの長い歴史の中で、染まらず、流されず、独自の価値観を育んできた関西が立ち上がるしかありません。

確かに、関西の地盤沈下は深刻です。何もかもが東京に集中する中で、人・モノ・金が絶対的に不足しています。

しかし、物量作戦でしか道を切り開けないというのは、それこそ前世紀の思想です。関西的なるもの、すなわち思想の部分が、これからは大切ではないでしょうか。景気が低迷し、社会が閉塞感に喘いでいる今だからこそ、大胆な変革が必要です。

日本が一極集中を脱却して、メディア先進国の仲間入りをするためにも、いよいよ関西の力を発揮して、社会を突き動かす時が来たと言えるでしょう。

私自身、ＮＨＫという組織を捨てることから、その第一歩をスタートさせました。もちろん、本書に関心を寄せて下さった全ての読者と一緒に、関西からのメディア革命に微力を尽くしていく決意です。

誰かが何かをしなければ、世の中というものは変わりません。どんな地道な活動でも、どんな小さな行動でも、積み重ねが大きな力となるのです。

21世紀、本書がきっかけとなって、メディア革命が起こることを確信しています。

平成14年盛夏　寺谷一紀

ぼくがナニワのアナウンサー

2002年9月28日第1刷発行
著者 寺谷 一紀
編集 有限会社 シティライフNEW
発行者 内山 正之
発行所 西日本出版社
住所 〒564-0044
大阪府吹田市南金田1-8-25-402
編集(有)シティライフNEW
大阪府摂津市千里丘2-15-16
電話 06-6338-0640
FAX 06-6389-2325
営業・受注センター〈(有)西日本出版社〉
大阪府摂津市鶴野1-4-2
電話 0726-33-1376
FAX 0726-30-6761
Eメール jimotonohon@nifty.com
印刷製本 株式会社 高速オフセット
ISBN4-901908-00-6
郵便振替口座番号00980-4-181121